# 초록지구

### 지구의 다양한 생태환경과 탄소중립

## 초록지구
**지구의 다양한 생태환경과 탄소중립**

초판 1쇄 인쇄 2024년 7월 17일
초판 1쇄 발행 2024년 7월 25일

지은이 김기태
발행인 김희영
펴낸곳 희담
편집 박찬규, 김희영
디자인 신미연

등록 제396-2014-000130호
주소 10909 경기도 파주시 번뛰기길, 23-21, 401호
도서문의 070-7856-7720 / 팩스 070-7856-7720
전자우편 mignon5@naver.com
블로그 http://blog.naver.com/heedampublisher
ISBN 979-11-958794-5-8

※ 책값은 뒤표지에 있습니다.

# 초록 지구

## 지구의 다양한 생태환경과 탄소중립

김기태 지음

희담

머리말

# 지구의 다양한 생태환경과 탄소중립

오늘날의 과학 기술은 무소불위하게 새로운 것들을 발명해 내고 있으며, 생활의 편리함은 놀라울 만큼 극대화되어 있다. 지금 우리는 한없이 풍요로운 물질 문명의 시대에 살고 있다. 그럼에도 불구하고 심각한 문제는 계속 발생되고 있다. 자연의 변천과 팬데믹 같은 질병이 창궐하고 지구 생태계의 변천은 가속화되고 있다.

팬데믹으로 엄청난 곤욕을 치르고 보니 자연 현상, 생물의 세계, 자연 생태계에 대한 것이 얼마나 엄정한가를 느끼지 않을 수 없다. 인간의 능력이란 자연 앞에 보잘것없다. 인류가 지구상에 살아남으려면 자연, 자연 생태계에 대한 학습과 이에 순응하는 지혜가 필요하다.

이러한 팬데믹은 한때 유럽 대륙을 강타하여 수많은 인명피해를 발생시켰던 스페인 독감이 있었다. 또한 스페인이 멕시코를 점령하는 과정에서 천연두를 전파하게 되자 그 당시 2천만 명이었던 멕시코의 인구가 160만 명으로 감소했던 역사적 사실이 있다. 이러한 팬데믹은 과거에 수없이 많이 있었고 현재에도 미래에도 피할 수 없는 과제 중의 하나이다.

지구가 태어나고 인간이 태어난 자연에서 지금까지 자연평형은 적당하게 이루어져 왔다. 그러나 인간의 과학 기술이 고도로 발달하고 자연을 이용하는 용도가 극대화되면서 자연평형은 깨지고 있다. 인간이 지구를 활용하는 면적도 크게 늘어났다. 도시와 농촌의 도로 확충은 산림자연을 훼손시켰다. 이것에 대한 반작용으로 탄산가스를 수용하는 녹색식물의 양이 줄어들고 산소의 발생량이 줄어들면서 인간에게 미치는 영향도 적지 않다.

열역학적으로 현 지구의 상황을 보면 인간의 모든 물질문명은 자연의 질서를 무질서로 만들고 있다. 예로서 벌목을 하고 태양광 시설을 하면 전기를 생산하지만 자연의 질서가 파괴되는 것이다. 산소의 부족이나 탄산가스의 과잉은 바로 기후의 변화로 연결된다. 이런 행위가 자연의 질서를 무질서로 만드는 것이며 그 결과 생태계의 변화가 시발되는 것이다. 탄소중립의 역행이다.

열역학 제2법칙은 '자발적 흐름의 법칙(law of spontaneous flow)' 또는 자연의 법칙이다. 즉, 열, 용액, 전기, 에너지 등은 고농도에서 저농도로 흐르는 것이 당연한 자연의 법칙이다. 또한 질서(order)에서 무질서(disorder)로 가기는 쉬워도 무질서에서 질서로 가기는 어렵다.

생물계에서는 엔트로피(entropy)가 0보다 작으며, 풀과 나무는 무질서에서 질서로 가게 하는데 이 과정에서 열을 흡수한다.

이 책에서 다루는 생태계는 있는 그대로(such as form)의 자연, 자연과 인간, 생물과 사람 사이의 자연환경과 자연평형에 기조를 두고 있다. 다시 말해서 강, 들, 호수, 산맥, 사막, 산림, 국가 또는 일정한 지역을 하나의 생태계(ecosystem)로 다루고 있다. 자연의 흐름에 따라서 또는 인위적 국경선이나 지역의 한계선에 따라서 생태계가 이루어졌거나 이루어지는 것을 생태 단위로 삼았다.

자연 생태계란 위도적, 지역적, 기후적으로 보아 광범위한 영역이고 다양한 구성 요인을 지니고 있어서 각양각색이다. 따라서 이러한 연구는 주제가 커서 답사하며 자료를 수집하는 데 한계성이 있다.

우리나라의 면적을 약 10만km²라고 할 때, 그 내용을 보면 6-7만

km²가 산악지대이다. 그리고 약 3-4만km²안에 도시, 농촌, 논, 밭, 강, 호수 등이 있으며 그 속에 5천2백만 명의 인구가 거주하고 있다. 최근에는 자동차의 홍수로 인하여 방방곡곡이 도로로 편입되었고 농토가 도시로 전환되어 자연이 숨을 쉴 수 있는 여지가 줄어들어 환경이 변화되었다. 이것은 분명히 자연의 과잉활용이며 생태계의 파괴이다. 녹화가 탄소중립이다. 따라서 자연과 인간 사이에는 균형을 이루는 것이 중요하다. 이것이 지구와 인간의 자연평형 문제이다.

지사운동은 인력으로 관여할 수 있는 영역이 아니다. 예로서 환태평양의 조산대를 태평양판 또는 불의 고리라고도 하는데, 태평양 둘레의 4만여km의 방대한 지역에 분포되어 있는 지진과 화산의 활동 지대이다. 북아메리카 판은 아이슬란드 서부에서 작용하고 있으며, 인도 판과 유라시아 판은 인도양을 접하는 동남아시아에서 작용을 하고 있다. 이러한 지각 판은 지구의 지형과 지도를 변모시킬 만큼 중요한 지사운동을 한다.

지구상에는 지진이 일어나며 화산이 폭발하고 있다. 일본, 인도네시아, 발리, 캄차카, 로스엔젤레스, 칠레 등에서는 수시로 대폭발을 하여 지형을 변모시키고 있으며, 이에 따라 생태계도 변화하고 있다.

위도의 고저에 따른 생태계의 성격과 변화와는 별개로, 유라시아 판이나 북아메리카 판은 한대지방의 생태계에 크게 영향을 주고 있다. 이런 지사운동에 따른 변화는 서서히 거대하게 진행되고 있다.

다른 한편으로 온난화 현상과 멕시코 만류가 상호보합하거나 역작용을 하면 환경의 변화와 생태계의 변화는 불가피하다. 다시 말해서 너무 덥거나 너무 추워지는 결과를 나타낼 때 생태계 환경은 깨지며 새로운 생물군이 나타나는 것이다. 이 같은 변화들이 끊임없이 발생하여 장구한 세월 동안 쌓인 것이 지구의 역사이며 생태계의 변천사이다.

다양한 지구의 자연 생태계를 수십 년 동안 조사하고 연구하지만 자연의 변모는 알게 모르게 진행되고 있다. 생태계, 지사운동, 녹화, 탄소중립 등은 인류의 미래 또는 생존에 관한 문제이다. 인류의 생존을 위해서는 누구나 마땅히 자연을 알아야 한다. 자연에 있어서는 콩 심은 데 콩 나고 팥 심은 데 팥 나듯이 원인 없는 결과는 없다. 자연에서는 세월의 흐름과 함께 어김없이 열역학의 법칙을 따른다.

이 책은 자연생태학의 한 부분으로 지구상의 여러 곳을 답사하며 관찰하고 조사한 것을 수록한 것이다. 따라서 여러 나라에 대해서 견문을 넓히고자 하는 분들과 자연을 사랑하는 분들에게도 일독을

권한다. 인류의 미래 특히 인류의 생존은 결국 변천되어가는 지구 생태계에 달려 있는 것이다. 우리는 자연의 이법을 배워야 한다. 더불어 각 나라의 인문 사회적 환경도 생태계의 한 구성 요인으로 다루었다.

독서문화가 시대적으로 주춤하여 출판업계가 불황임에도 불구하고 관심사 밖의 원고를 수주하여 성심성의껏 책을 출판한 희담출판사의 김희영 대표님과 편집을 맡아주신 구름서재의 박찬규 대표님 그리고 디자이너 신미연 님에게 감사를 드린다.

2024년 7월
저자 김기태

**차례**

머리말 5

## 1장 / 서론—생명의 탄생

생명의 기원에 대하여 19
별들의 세상 23
원시 지구의 변천사 27
생물과 무생물의 경계 31

## 2장 / 지구 생태계의 변천 요인

생태계에 대하여 37
담수 생태계 40
기수 생태계 43
고산 생태계와 사막 생태계 48
빙하에 대하여 51

## 3장 / 탄소중립에 대하여

탄소중립의 의의 59

탄소중립의 실제 61
탄소중립은 녹화 운동으로부터 64
북극과 남극의 기후 변화 67
지구의 온난화 현상과 기후 변화 70
인류의 멸망 - 사람은 지구의 주인이 아니다 72

## 4장 / 아시아의 자연 생태계

중국의 자연 79
  신장 위구르 자치구의 자연 79 / 중국 광시 지방, 구이린의 자연 88 / 황허 강의 자연 96 / 허베이 지방, 롱칭샤의 경관 101 / 중국의 자연과 경제 발전 103
일본의 자연 106
  일본의 문화 106 / 홋카이도의 자연 111 / 시마네 현의 자연과 문화 115 / 대마도의 자연 생태 118 / 오키나와 현의 자연 121
베트남의 자연 124
  베트남의 개요 124 / 달랏의 자연 126
말레이시아 코타키나발루의 자연 135
  키나발루 산의 자연 생태 136 / 크리아스 강의 자연 생태 139 / 코타키나발루의 반딧불이 141 / 코타키나발루의 일몰 142
인도네시아, 발리 섬의 바다와 자연 144
  인도네시아의 자연 144 / 발리의 식생과 활화산 145
튀르키예의 자연 148
  튀르키예의 기후와 자연 148 / 케말 아타튀르크 대통령과 튀르키예 사람 153

/ 튀르키예의 개요 155

러시아의 자연 158

## 5장 / 북미의 자연 생태계

로키 산맥의 자연 165

　로키 산맥의 개요 165 / 재스퍼 국립공원과 컬럼비아 아이스필드 168 / 밴프 국립공원과 루이스 호수 172 / 브리티시컬럼비아 주의 국립공원들 175 / 로키 산맥의 수목과 야생화 177

옐로스톤 국립공원의 자연 183

　옐로스톤의 지리적 성격 183 / 옐로스톤의 분화와 생명의 기원 185 / 옐로스톤의 생태계 189 / 옐로스톤의 강과 호수 191 / 그랜드 티턴 국립공원 193 / 유타 주와 솔트레이크 194

## 6장 / 중남미의 자연 생태계

멕시코의 자연 201

　멕시코의 자연 201 / 멕시코의 문명과 성지 202

브라질의 자연 209

　이과수 폭포의 자연 209 / 이타이푸 댐의 자연 212 / 브라질의 개요 214 / 브라질의 축구 문화 217 / 한국인의 이민 역사 218

아르헨티나의 자연 220
    이과수 강과 이과수 폭포의 자연 220 / 아르헨티나의 개요 223
파라과이의 자연 225
    파라나 강과 이타이푸 댐의 자연 225 / 파라과이의 개요 228
페루의 자연 230
    안데스 산맥과 잉카 문명 230 / 페루의 개요 236

## 7장 / 유럽의 생태계

유럽 서론 243
스칸디나비아 반도의 자연 246
아이슬란드의 자연 250
    아이슬란드의 자연지리 250 / 싱벨리어 국립공원 251 / 굴포스 폭포 253 / 게이시르 간헐천 254 / 아이슬란드의 식생 256
아일랜드의 자연 259
스코틀랜드의 자연 261
영국의 자연 264
    영국의 자연지리 264 / 템스 강의 자연 266 / 영국의 문화와 유적 271
독일의 자연 277
    검은숲과 라인 강 277 / 마인 강과 괴테의 도시 : 프랑크푸르트 279 / 코블렌츠와 로렐라이 282 / 빌레펠트 시의 자연 285 / 포츠담의 자연과 역사 287 / 베를린의 홀로코스트 289 / 엘베 강의 도시, 드레스덴과 전쟁의 참화 291 / 하이델베르크와 독일인의 문화 293

폴란드의 자연과 아우슈비츠 296
　　폴란드의 개요 296 / 폴란드의 자연 299 / 나치의 강제 수용소 300
체코와 도나우 강의 자연 304
　　체코 공화국의 개요 304 / 아름다운 도나우 강의 자연 305
슬로바키아의 산림 자원 308
　　슬로바키아의 개요 308 / 슬로바키아의 산림 자원 309
프랑스의 자연 311
　　센 강의 자연 312 / 발 드 루아르의 자연 313 / 알프스의 자연 315 / 피레네
　　산맥의 자연 316
그리스의 자연 318

## 8장 / 아프리카의 자연 생태계

아프리카 대륙의 개요 327
이집트의 자연 332
　　나일 강의 자연 332

**에필로그** 342
**찾아보기** 348

# 1장

## 서론 - 생명의 탄생

## 생명의 기원에 대하여

생명의 기원이나 진화는 오랜 세월의 흐름에 따라 이루어지기 때문에 인간의 시간이 아니고 자연의 시간으로 이루어지는 것이다. 다시 말하자면 긴긴 세월 속에서 서서히 진행되는 자연 현상인 것이다.

고대 그리스의 자연철학자 중에는 생물은 흙, 물, 불, 공기로 만들어진다고 주장하는 사람들이 있었다. 오늘날 발전한 과학 기술이 밝혀낸 원자와 분자의 세계로 깊이 따지고 들어가 보면 근거가 없는 말이 아니다. 생체 역시 각종 원자와 분자의 복잡한 조합으로 이루어져 있다.

사하라 사막의 광야는 인간에게는 견디기 어려운 환경이다. 낮에는 50~60℃나 되는 고온의 열사인가 하면, 밤이면 20℃ 정도로 내려가 밤낮의 온도 차이가 대단히 커서 새벽녘이면 늦가을의 추위를 느끼게 한다.

이러한 온도 차이는 날마다 끊임없이 장구한 세월 동안 지속되고 있다. 작열하는 태양 광선의 영향으로 사하라 사막 안에 있는 암석은 돌로, 돌은 모래로, 모래는 세사로, 세사는 극미한 입자로, 이 입자는 더 작은 미립자로 변하여 가고 있다.

이러한 미립자는 사막의 열풍에 의해서 대기 속에 황사로 지구의 상공을 떠돌고 비 또는 눈으로 바다에 떨어져 바닷물과 섞이게 된다. 물질계가 순환하는 하나의 패턴이다.

태초의 원시 지구는 태양에서 떨어져나온 불덩어리였는데, 장구한 세월의 흐름에 따라 서서히 식어 가는 과정에서 수소(H)와 산소(O)가 결합하여 물($H_2O$)이 만들어진 것은 지사학적으로 획기적인 사건 중의 하나였다.

원시 지구에서 물의 양이 늘어나면서 지구의 온도도 빠르게 식어 갔으며 원시 해양이 생겨나기 시작하였다. 이러한 해양의 발달은 오랜 세월의 지구 역사가 아니면 기대하기 어려운 시공간적인 변천 현상이다.

지구와 달 사이에는 서로 끌어당기는 인력이 있어서 원시 해양의 물 덩어리는 심한 파도를 일으키며 격렬하게 출렁거렸기 때문에 화학 반응을 활성화했다. 이때 물 덩어리 속의 각종 원소 등은 화학 변화를 일으키는 요소로 작용하였다.

원시 해양 속에 있던 각종 원소들, 즉 탄소(C), 수소(H), 산소(O), 질소(N), 유황(S), 인(P) 등은 서로 적당히 결합하면서 각종 화학 반응을 통하여 여러 가지 화합물과 간단한 아미노산 등을 생성했다.

이런 화합물은 장구한 세월의 흐름 속에 많은 양으로 늘어났고 서로 친화성이 있는 물질과 회합하기도 하고, 화학 반응이 계속되어 복잡한 고분자 화합물을 형성하기도 하였다.

이러한 과정에서 생명을 구성하는 가장 기본 물질인 글리신(Glycine), 알라닌(Alanine), 세린(Serine)과 같은 아주 간단한 아미노산이 생겨났다. 또한, 유전에 관여하는 핵산의 전구물질(前驅物質)도 생겨났을 것이다.

아미노산 중에서 간단한 종류들이 모이면 보다 복잡한 아미노산으로 되며, 나아가서는 특이한 현상을 보이는 아미노산의 그룹도 생겨난다. 이러한 현상을 1936년 러시아의 생화학자 오파린(Alexander Ivanovich Oparin)은 코아세르베이션(coacervation)이라고 불렀다.

이러한 분자들의 집합체 또는 아미노산의 덩어리에서는 안과 밖이 서로 다른 기능을 보이는데, 이것이 일종의 물질대사의 시초라고 하겠다. 이러한 유기물의 복합체 또는 아미노산의 회합을 코아세르베이트(coacervate)라고 하는데 생명과 무생물의 중간 단계쯤 되는 것으로 생명의 기원에 대한 가설 중의 하나이다.

이처럼 생명의 기원에 대한 학설은 장구한 세월 동안 변화해 온 생명 현상의 역사와도 관련이 있다. 예를 들어, 사하라 사막의 극미한 입자들, 즉 원자나 분자들은 나일 강의 수계에서 적당한 온도 내지 열기를 만나면 화학 반응이 일어날 수 있다. 이렇게 다양한 물질들이 간단한 화학 반응을 통해 변화하는 것은 원시 해양에서 일어난 것과 비슷하게 변화의 모티브가 되어 아주 간단한 유기 물질의 생성을 가능하게 한다.

최초의 원시 생명체는 진화의 과정을 밟으면서 장구한 세월의 흐름 속에서 간단한 단세포 생물이 되었고, 다시 오랜 세월의 진화 과정을 통하여 다세포 생물로 발달했다. 다세포 생물은 다시 오랜 세월을 지나면서 복잡한 고등 생물체로 진화했다는 것이 진화 학설이다.

시공간의 연대를 정확하게 측정할 수 없는 세월의 흐름 속에서 다양한 생물 종들이 출현한다. 생식을 통해 대를 이어가며 생존하는 한편, 잘 적응하지 못한 종은 소멸하고 만다. 이것이 소위 적자생존이다.

생물의 진화를 설명할 때 "유구한 세월", "장구한 시간" 또는 "오랜 세월" 같은 표현이 자주 반복되곤 한다. 이는 정확한 시점을 측정하는 데 한계가 있고 과학적으로 명확한 증거를 제시하지 못하기 때문이다. 이처럼 진화 학설은 자연 과학의 물리나 화학 학설과는 다르며, 시공간의 추정에 따라서 성립되는 가설이다.

## 별들의 세상

지구는 바다, 산, 나무, 들, 강 등으로 구성된 광대한 자연이다. 인류는 온도 변화가 크지 않은 지구 환경에 오랜 세월 견디고 적응하며 오늘날에 이르렀다.

지구는 우주의 일부인 태양계와 은하계에 소속된 조그마한 하나의 별이지만, 우리 인간에게는 무한 광대한 공간이며 영토이다.

지구의 지름은 13,000여km이고, 태양의 지름은 1,391,000여km이니 태양은 지구에 비해 대단히 크다. 태양 하나만을 두고 보더라도 지구는 콩알 하나밖에 되지 않으니, 우주 전체를 생각하면 지구는 무시해도 될 정도로 보잘것없는 존재일 뿐이다.

멀리서 또는 가까이서 태양 주위를 돌고 있는 행성들은 태양의 위성이라고 불린다. 태양의 위성으로는 수성, 금성, 지구, 화성, 목성,

토성, 천왕성, 해왕성이 있다. 태양과 토성의 거리는 광속 80분 거리로, 14억4천만km이다. 태양은 원시 태양이라고 불리는 초기 단계에서는 현재보다 직경이 백 배 이상 컸을 것으로 추정된다.

태양의 위성들도 대개 스스로 작은 위성들을 거느리고 있으며, 그러한 위성들의 크기나 모양도 천차만별이다. 이들 위성 집단은 태양계라는 궤도 속에 포함되어 있으면서 방대한 우주 공간의 일부를 차지하고 있다. 태양에서 멀리 있거나 멀어질수록 항성의 실체나 환경에 대한 연구는 어렵다.

지구는 자신의 둘레를 도는 달이라는 위성을 거느리고 있다. 지구의 자연 위성인 달은 지구로부터 384,400여km 떨어져 있다. 달의 부피는 지구의 1/50에 해당하고, 3천5백km인 달의 지름은 지구 지름의 1/4, 태양 지름의 1/400에 해당한다.

1969년에 닐 암스트롱이 탄 미국의 인공위성 아폴로 11호가 달에 처음으로 착륙하였다. 이를 계기로 우주 개발, 즉 달 탐사를 둘러싼 미국과 소련의 치열한 경쟁이 시작되었고, 그 결과로 우주 과학의 영역이 크게 넓어지고 발달하게 되었다.

태양은 대부분 수소로 이루어져 있다. 태양의 중심부에서는 온도가 섭씨 1백5십만℃에 이르고, 기압으로 따지면 천억 기압에 이른다. 이곳에서는 네 개의 수소 원자가 한 개의 헬륨(He)원자로 합쳐지는 핵융합 반응이 일어나면서 막대한 에너지가 방출된다. 태양은 이러한 핵융합 반응을 계속해서 일으키며, 마치 수소 폭탄이 연속해서

터지는 것과 같은 위력으로 빛과 열을 발산하고 있다.

하늘에서 빛나는 별들은 태양으로부터 멀리 떨어져 있다. 밝게 빛나는 별들은 수십 광년, 희미하게 보이는 별들은 수백 광년 정도의 거리에 있다. 더욱 멀리, 뿌옇게 보이는 은하수의 별들은 수만 광년이나 되는 거리에 떠 있다.

어느 천문학자는 하나의 은하계에는 2천억 개의 별들이 있고, 그 속에는 태양과 비슷한 항성이 2백억 개는 될 것이라고 말한다. 그 별들 중에서 지구와 비슷한 열을 받는 행성이 1/20 즉 10억 개는 될 것이다. 또 그중에서 지구처럼 자전하며 대기와 물이 있는 행성이 1/100, 즉 1천만 개 정도일 것으로 추정된다. 이러한 별들 가운데 생물체를 지니고 있으며 인류만큼 발달한 생물이 있을 가능성이 있는 별은 1/500 즉 2만 개쯤 될 것으로 추정하고 있다.

외부 은하 역시 1천억~2천억 개 정도의 별들로 이루어져 있으며 그 직경이 무려 10만 광년 정도라고 한다. 다시 이러한 외부 은하들 1천억 개 이상이 광대한 우주 공간에 뿌려져 있다. 우주 공간 전체의 반경이 50억 광년이라고 하니 거의 무한한 크기라고 하겠다.

우주에는 약 60조~70조 개의 별들이 있는 외부 은하계가 있다. 인류와 비슷한 문명을 가진 행성이 있다고 가정하면, 전 우주에 고등 생물이 존재할 확률을 1/1억(거의 가능성이 없는 수효)로 본다고 해도, 대 우주에는 지구와 비슷하게 지적인 생물이 사는 별들이 60만

~70만 개가 있다고 추산할 수 있다.

우주의 빈 공간 안에 있는 물질의 평균 밀도는 지극히 작아서 지구 만한 공간 안에도 겨우 1mg의 물질만이 들어있다고 한다. 다시 말해서 이런 거대한 공간 안에 물질은 거의 존재하지 않는다는 말이다. 그런데 이렇게 적은 물질들이 모이면 1천억~2천억 개의 별로 이루어진 은하계가 수십억 개 이상 생겨나며, 다시 은하계와 은하계 사이에 무한한 공간이 펼쳐진다. 이는 인간의 능력으로는 이해하기 어려운 불가사의의 영역이라고 하겠다.

우주 과학의 시공간적(spatio-temporal) 표현에는 "무한", "광대", "방대", "유구한 세월", "광년", "오랜 세월", "수백만 년" 또는 "수십억 년"처럼 수학적으로 적시할 수 없는 단어들이 많다. 사람은 장수해도 백 세 정도밖에 살지 못한다.

예를 들어 "무한으로부터 무한까지", 또는 "영원으로부터 영원까지"라는 표현은 수학적으로 정의할 수 없는 수사적인 표현이다. 무한한 별들의 세상에서는 유한한 숫자나 물질의 개념이 적용되기 어렵다.

무한과 유한은 숫자나 물량에서 비교할 수 없는 개념이며, 유한한 것은 무한한 것에 비하면 아무것도 아니다. 현대 과학이 아무리 눈부시게 발달했다고 해도 별들의 세상을 이해하는 데에는 한계가 있는 것이다.

# 원시 지구의 변천사

지구가 태양으로부터 떨어져나와서 행성이 된 시기가 약 47억 년 전이라고 한다. 하지만 이것은 과학적으로 입증할 수 있는 정확한 연대가 아니다. 어쨌든 태양은 그때부터 지금까지 뜨거운 화염으로 불타고 있으며, 지구는 엄청난 변화를 겪으며 오늘날과 같은 모습이 되었다.

지구가 태어난 초기의 상태를 원시 지구라고 부른다. 원시 지구는 현재의 태양과 비슷한 뜨거운 환경이었다. 그러나 수십억 년이라는 기나긴 시간 동안 지구의 환경은 바뀌어 인류가 살 수 있는 행성이 되었다. 이런 과정을 시공간적으로 설명하기는 어렵기 때문에, 여러 가설과 추측들이 난무한다.

47억 년이라는 세월 동안 일어난 원시 지구, 원시 대기, 원시 해양의 생성은 그 자체로서 획기적인 대변혁이었다. 이 세 가지가 공조하면서 오늘날의 지구 환경이 만들어진 것이다. 지구에서 떨어져나간 달의 생성 또한 지구의 획기적인 변천사 중 하나라고 하겠다.

지구를 지구본이나 축구공만큼 축소해도 우주는 아마 지구 만한 크기 또는 그보다 훨씬 큰 공간을 차지하고 있을 것이다. 우주의 크기가 한없이 크다는 의미다. 지구의 시공간 변천사는 많은 부분 추리에 의존할 수밖에 없다. 우주 전체의 광대한 시공간을 다루는 천문학은 따라서 과학으로서는 애매모호한 점이 많다.

원시 지구가 지니고 있었던 기체, 액체, 고체 상태의 여러 종류의 물질들은 다양한 종류의 원소로 되어 있었다. 물론 그 당시에 물질들은 오늘날처럼 안정된 형태를 갖고 있지 않고 외부 뜨거운 열과 높은 압력에 의하여 형태가 급격히 또는 서서히 변화했을 것이다.

원시 지구에 물이 생성된 것은 대단히 획기적인 사건이 아닐 수 없다. 물의 상태와 성격에 따라 지구 환경은 매우 느리지만 확실한 변화를 겪게 되었다. 어쩌면 지구의 역사는 물과 함께 시작되었다고 볼 수 있다. 지구를 물의 행성이라 불러도 지나치지 않을 정도다.

원시 지구의 열과 압력은 정확히 알 수 없다. 하지만 매우 높은 열과 압력이 작용하여 지구에 큰 큰 변화를 일으켰을 것이다. 물은 온도와 압력에 따라서 액체, 기체, 고체로 상태를 바꿀 수 있지만, 근본적인 원소의 성질은 바뀌지 않는다. 물뿐만 아니라 다른 물질들도 온도와 압력에 따라 상태가 변할 수 있다.

원시 달은 원시 지구에서 떨어져나가 생겨났다. 지구와 달 사이에는 중력이 작용한다. 이 중력은 처음부터 지구와 달에 큰 영향을 미쳤다. 지구와 달 사이의 거리는 38만km로, 우주에서 볼 때는 매우 가까운 거리다. 다시 말해서, 달은 지구에 가까이 붙어 있고, 그래서 서로 당기는 힘이 작용한다. 이 중력 때문에 바다에 밀물과 썰물 현상이 일어나고 파도가 생기는 것이다.

파도의 운동을 작은 비커의 물로 비유해 보자면, 비커 안의 물에는 여러 원소와 혼합물 또는 화합물이 섞여 있다. 이것은 원시 지구의 기본 성분이다.

달의 인력은 바닷물을 끌어당겨 파도를 일으켰다. 이것은 마치 비커 안의 여러 물질들이 뜨거운 열과 높은 압력에 의해 오랫동안 계속 흔들리면서 화학 에너지를 만들고 새로운 물질을 생성하는 것과 비슷하다. 이런 변화 속에서 지구는 변하기 시작했다.

이러한 변화 가운데 바닷물 속에는 유기물이 쌓이게 되었고, 이 유기물들이 새로운 물질을 만들면서 원시 미생물이 생기게 되었다. 그리고 녹색식물이 생겨나면서 산소가 만들어지기 시작했다. 이것은 지구 역사에 있어서 큰 전환점이었다.

지구의 변화는 한 단계마다 오랜 시간이 걸렸으며, 수많은 변천의 단계를 합하면 한없이 긴 세월이 걸렸을 것이다.

이 모든 것들은 과학으로도 확실하게 증명할 수 없는 시간과 공간의 영역이다. 다시 말해, 지구의 변화는 추론과 가설에 의존하는 과학이다. 그러나 원시 해양의 작용으로 오늘날의 안정된 해양과 지구가 된 것이다. 우리는 현재 지구에서 살아가고 있으며, 지구는 우리에게 넓은 생활 공간을 제공한다. 지구에 관한 연구는 아직도 우리에게 많은 과제를 남겨두고 있다.

이러한 변화로 인해 원시 지구의 뜨거운 열 덩어리는 점점 식으면서 표면 온도가 낮아져 오늘날 같은 환경이 되었다. 그런가 하면 지구의 내부는 아직도 뜨거운 열 덩어리를 품고 있어서, 예를 들면 미국의 옐로스톤이나 일본의 후쿠시마, 북유럽의 아이슬란드 같은 곳에서는 얇은 지각층을 뚫고 화산이 분출하고 있는 것이다.

# 생물과 무생물의 경계

생명 현상을 발현하는 생물은 생기가 전혀 없는 물질로 이루어져 있다. 생물의 다양성은 대단히 크다. 생명의 기본 단위는 세포이다. 세포는 대부분 크기가 작아서 현미경을 통해서만 볼 수 있다. 그러나 세포의 크기는 생물에 따라서 엄청난 차이를 보여준다. 세포는 생명 현상을 수행하는 단위로, 여러 세포가 모여서 질서정연한 생명의 기능을 발현한다.

세포 하나에도 대단히 많은 성분들이 들어 있다. 세포 안에는 핵, 미토콘드리아, 골지체, 소포체, 중심체, 색소체, 소립자, 퍼옥시좀, 액포, 세포질, 원형질, 세포막 등이 들어 있다. 그리고 세포 안에는 유전물질인 DNA, RNA가 함유되어 있다. 하지만 이들 하나하나의 기능은 아직 모두 밝혀지지 않았다.

이러한 성분들이 서로 협력하고 제 기능을 수행함으로써 생명 현상이 나타난다. 고등 생물일수록 많은 세포들로 구성되어 있다. 예를 들어 사람의 몸에는 약 50조 개의 세포가 있다.

미생물의 세계에는 바이러스, 리케치아, 박테리아, 미세 조류 등이 있다. 미생물학은 이들의 크기, 길이, 두께, 면적, 체적 등의 형태뿐만 아니라 생리적인 기능과 성격에 대해 연구한다. 미생물 중에는 암수나 자웅의 구분이 있는 경우가 있다. 이러한 생리 기능은 번식 능력과 관련이 있다.

바이러스는 생물과 무생물의 경계에 있는 존재이다. 바이러스는 매우 작아서 그것의 정체나 성질을 파악하기 어렵다. 이렇게 작은 미생물은 시간과 공간의 변화에 따라 생존하고 진화하여 현재의 모습이 되었을 것이다.

살아있는 세포 속에는 박테리아나 곰팡이, 그리고 바이러스가 기생하거나 공생하기도 한다. 바이러스는 세포가 아니면 번식할 수 없다. 다시 말해서 바이러스는 세포의 형태를 가지지 않고, 아주 작고 불안정하며, RNA만을 가진 유기체이다. 이렇게 독자적으로 번식이나 증식 등 생명 현상을 발현하지 못하는 바이러스는 생물과 무생물의 경계에 있는 존재라고 할 수 있다.

최근 세계적으로 확산되어 많은 사람들을 위협했던 코로나19도 가장 작은 생명체인 바이러스이다. 하지만 세계 초일류의 의학 기술이 총동원되었음에도 불구하고 바이러스의 생리적 기능을 정확히 알 수 없었고, 백신 개발에 어려움을 겪었다.

물리학에서는 물질의 성질을 알기 위해 물체를 계속 쪼개어 보려고 한다. 물체를 쪼개면 분자, 원자, 양자, 중성자, 전자 등의 작은 입자들이 나타난다. 현재는 더 작은 쿼크까지 연구하고 있다. 그런데 물질을 이렇게 쪼개고 보면, 물질로 있을 때와는 다른 성질을 보이기도 한다.

물질은 성질이 바뀔 수 있어도 없던 것이 존재하거나 사라지지는 않는다. 지구상에 있는 모든 물질은 변하여 형태나 모양이 바뀔 뿐이지 근본적으로 없어지는 것이 아니다.

바이러스는 이런 물질에 비교하면 매우 큰 실체라고 할 수 있다. 바이러스는 세포 안에서만 살고 번식한다. 즉, 바이러스는 생물체 안에서만 생명 현상을 보이고, 그렇지 않으면 생명 현상이 없는 물질에 불과한 것이다.

# 2장

## 지구 생태계의 변천 요인

# 생태계에 대하여

생물학에서 생태학이라는 말은 1940년대 말부터 사용되기 시작하였다. 생태학(ecology)의 어원은 희랍어의 오이코스(oikos)에서 비롯되었다. 오이코스는 영어로 말하면 home(가정)이라는 뜻이다. 오이코스는 독일어에서 외코(öko)로 바뀌었고 이것이 다시 에코(eco)로 바뀌었다. 그리고 에콜로지(ecology)의 어미 로지(-logy)는 라틴어의 로고스(logos)에서 기원했다. 로고스는 영어로 프린서플(principle) 즉, 원리, 원칙, 논리를 뜻한다. 이렇게 에코(eco)와 로지(logy)가 합성하여 에콜로지(ecology) 즉 생태학이 되었다.

생태학의 정의는 세월의 흐름에 따라 여러 단계로 변화했다. 처음에는 "어떤 환경(가정)에서 살고 있는 생물을 연구하는 것(the study of organism at home)"이었으며, 다음에는 "생물 또는 생물 집단과 환경과의 관계를 연구하는 것(the study of the relation of organism or groups of organism to their environments)"으로 정의되었고, 최종적으로 "생물과 환경과의 상호관계에 대한 과학(the science of interrelations between living organisms and their environments)"으로 정리되었다.

생태학은 이렇게 넓은 의미와 다양한 연구 분야를 가지고 있다. 지구에는 산, 바다, 들, 강물, 호수, 연못, 사막, 산림, 열대, 한대 등 여러 가지 생물의 서식지가 있다. 생물도 식물, 동물, 미생물 등 여러 종류가 있다. 이들 각각의 생물이 환경과 어떤 관계를 맺는지에 따라 생태학의 명칭이 달라진다.

생태학은 학문의 범위가 넓고 학문적 경계도 명확하지 않다. 자연의 상태에 따라 환경이 달라지고, 그 환경에는 무수히 많은 생물이 살고 있기 때문이다.

생태학은 물속에 사는 생물을 연구하는 수계 생태학과 육상에서 사는 생물을 연구하는 육상 생태학으로 크게 나눌 수 있다. 수계 생태학(aquatic ecology)은 해양 생태학(marin ecology), 하구 생태학(estuarial ecology), 담수 생태학(freshwater ecology) 등으로 구분되고 육상 생태학(terrestrial ecology)은 산림 생태학(forest ecology) 등을 포함한다. 또한 생태학은 생물의 군집을 연구하는 군집 생태학(synecology)과 개체를 연구하는 개체 생태학(autoecology)으로 나눌 수 있다.

그리고 생물의 종류에 따라 식물 생태학(plant ecology), 동물 생태학(animal ecology), 미생물 생태학(microbial ecology)으로도 나눌 수 있다. 연구 주제에 따라 정량 생태학(quantitative ecology), 유전자 생태학(genetic ecology), 방사선 생태학(radiation ecology), 생리 생태학(physiological ecology) 등의 용어도 사용된다.

다양한 생태학의 분야 중에서 해양 생태학은 매우 넓고 다양하다. 해양에는 많은 양과 종류의 생물이 살고 있고, 해양 환경도 곳곳마다 다르다. 해양 생물은 전체 생물의 90%나 차지하므로 해양 생태학은 방대한 연구 영역을 지니고 있다(김, 2006).

생태계(ecosystem)는 생태학의 연구 단위이다. 다시 말하자면, 생태계는 생산자(producer), 소비자(consumer), 분해자(decomposer)가 환경과 상호작용하며 독자적인 자연평형을 유지하는 단위이다. 예를 들어, 연못이나 호수의 생태계는 햇빛과 무기염류가 있는 환경에서 광합성을 하는 생산자와 그 산물을 소비하는 소비자가 평형을 이룬다. 그리고 이들이 죽으면 분해자(decomposer)가 분해하여 자연에게 돌려준다. 이렇게 생태계는 자연의 순환을 나타낸다.

# 담수 생태계

담수란 염분이 없는 강, 호수, 연못 등의 물을 말한다. 이러한 담수는 산과 평야 같은 지역을 흘러 바다로 들어간다. 담수가 흐르는 지역의 위도와 고도, 지형, 토양의 성격에 따라 생태계는 달라진다. 물은 생명의 근원이다. 담수 생태계는 하천 생태계와 호수 생태계로 나눌 수 있다. 예를 들어, 아마존 강은 큰 하천 생태계이다. 하지만 아마존 강도 환경이 다른 여러 생태계가 있고, 많은 호수와 연못도 각각의 생태계를 지니고 있다.

110여 개의 지류를 가진 아마존 강은 길이가 무려 6,516km이고 유역 면적도 750만km²에 이른다. 이렇게 방대한 아마존 강은 지류마다 큰 하천을 이루며 본류와 합류하기 때문에 지류마다 각기 다른 생태계가 펼쳐진다.

아프리카의 나일 강(6,695km) 역시 아마존 강처럼 다양한 하천 생태계를 이루고 있다. 나일 강은 사하라 사막의 오아시스로서, 독특한 생물 환경을 이루고 있다. 중국 대륙을 가로지르는 양쯔 강(6,380km)에는 지구상 가장 큰 싼샤 댐이 있으며, 황허 강(5,464km) 역시 중국의 대하로서 물속에 황토가 운반되어 수색이 황색을 띠며 발해만으로 유입된다. 그밖에도 지구의 곳곳에는 수많은 크고 작은 하천이 있으며, 각각의 하천은 고유한 생태계를 이루고 있다.

지구상에는 수많은 담수호들이 존재한다. 그중 대표적인 대형 호수로는 바이칼 호, 톤레사프 호, 빅토리아 호, 슈피리어 호, 미시간 호 등이 있으며, 이들은 지역과 위도에 따라 각기 다른 생태계를 이룬다.

미국의 오대호는 면적이 가장 넓은 호수들로, 슈피리어 호는 82,362km², 휴런 호는 59,595km², 미시간 호는 58,016km² 등으로 매우 넓다. 또한 아프리카의 빅토리아 호는 68,800km²로서 큰 호수를 이루고 있으며, 아시아의 바이칼 호는 31,500km²로 크기도 하지만, 수심이 매우 깊어 담수된 수량이 많다.

캄보디아에 위치한 톤레사프 호는 2천5백km²에 불과하지만, 홍수기와 갈수기에 따라 호수의 면적이 몇 배씩 늘었다 줄었다 하며, 이로 인해 생태환경의 변화가 불가피하다. 이 호수에는 수상 도시가

하늘에서 바라본 오대호의 모습

형성되어 있으며, 수산 양식도 이루어지고 있다. 이러한 자연환경으로 유네스코에 등재된 자연유산 보전 지역이기도 하다.

# 기수 생태계

지구에는 해양과 강물 등 다양한 물 덩어리(水塊)가 존재한다. 육상에 내린 빗물은 강물을 이루고 이것이 하구를 통해 바다로 흘러간다. 특히 아마존처럼 많은 물을 품은 강은 하구에서 바다와 섞이며 기수라는 특별한 물을 만든다. 기수(brackish water)는 염도가 높은 해수와 염도가 0‰인 담수가 천천히 섞여서 생기는 물로, 해수와 담수의 생물이 함께 살아가는 기수 생태계를 형성한다. 나일 강이나 미시시피 강, 양쯔 강 같은 큰 강의 하류에도 기수 생태계가 형성된다.

이런 해역에는 생활 주기(life cycle)가 짧은 하등 식물이 물꽃(water bloom)을 이루어 크게 번성한다. 미세 조류가 일시에 폭발적으로 증식하였다가 생활 주기에 따라 일시에 사멸하는 것이다. 그 뒤에는 또 다른 종이 출연하게 되고, 따라서 생태계의 변화가 끊임없이 일어나게 된다. 이것이 기수 생태계의 독특한 단면이다.

지구상에는 수많은 하구 지역에서 크고 작은 강물이 바다와 만나며 기수 생태계를 이룬다. 토양이 함유하는 성분의 성격에 따라, 열대, 온대, 한대 같은 기후와 위도에 따라, 또는 수량의 많고 적음에 따라 기수 생태계의 성격은 달라진다.

다음은 『세계의 바다와 해양생물』(김, 2008)의 '에땅 드 베르' 편에서 다루었던 기수 생태계를 소개한 것이다.

에땅 드 베르(Etang de Berre) 호는 프랑스 지중해변의 중앙부에 위치해 있다. 이 호수는 프랑스에서 제일 큰 해안 호수이다. 총 수표면적은 156km2이며, 최대 수심은 10m를 넘지 않는다. 호수의 긴 축은 20km이고, 상부의 가장 좁은 부분은 6km 정도이다. 지중해의 해양 성격과는 판이하게 다른 독립된 기수 생태계를 이루고 있으며, 표층은 담수성이 강하고 저층으로 갈수록 해수의 영향이 강하다. 이 호수에 담긴 총 수량은 9억 톤이 넘으며, 수표면의 2/3 정도는 수심 7m에서 10m 정도의 깊이를 지니고 있다.

1966년 3월 이후, 남부 알프스 산맥에서 시원하여 지중해로 유입되는 뒤랑스(Durance) 강물이 대단위의 전력을 생산하기 위하여 대형 댐 또는 인공 운하로 정리됨으로써 최종 단계에서 막대한 수량이 에땅 드 베르 호로 쏟아져 내리는 자연 변조의 대역사가 이루어졌다.

이 호수의 자연 생태계는 해안 동식물이 풍부하게 자생하고 있으며, 특히 어류의 서식환경이 두드러지게 좋아서 마치 어류의 자연 양식장 같다. 이 호수의 저층은 수심이 깊지 않고, 뱀장어가 생활하기 좋아 유럽에서 가장 유명한 뱀장어 서식처이다. 또한 숭어도 많이 어획되었다. 지금은 숭어의 양이 많이 줄어들었다고 하나, 물 위로 튀는 광경이 쉽게 관찰된다. 또한 다양한 종류의 패류도 대량 서식하고 있었다. 먹이연쇄에 따른 홍학 떼의 자생지로도 이름이 나 있었다.

이 호수에 내리쬐는 풍부한 햇빛과 알맞은 수온, 그리고 담수에서 유입되는 풍부한 영양염은 식물 플랑크톤의 폭발적 번식을 유도하여 제1차 생산량을 높여주었으며, 그 결과 어류의 번식이 괄목할 만하였다. 또한 이 호수는 염도가 대단히 높아 호수 주변의 넓은 저지대가 염전으로 활용될 정도로 많은 양의 소금이 생산되었다.

이러한 역사와 함께 고농도의 염분이 희석되면서 호수의 고유한 생태계는 일시에 기수 생태계로 변하였다. 다시 말해서, 기존의 생물 환경이 완전히 파괴 또는 전환되고 새로운 생태계가 생성된 것이다. 산업화에 따른 자연환경이 크게 변화하면서 생태학적 변화 또한 막대하지 않을 수 없었던 것이다. 우선 시각적으로 아름답게 비상하던 홍학 떼가 자취를 감추게 되었다. 이것은 곧 먹이 피라미드의 붕괴를 의미한다.

이 호수에는 뒤랑스(Durance) 강물뿐만 아니라, 툴루브르(Touloubre), 아르크(Arc), 뒤랑솔(Drançole)처럼 수질 성격이 전혀 다른 하천수가 동시에 유입된다. 이러한 담수가 엄청난 양의 영양염류와 함께 유입되면서 부영양화 현상(eutrophication)을 일으켜 식물 플랑크톤이 크게 번성하여 끊임없이 물꽃(water bloom) 또는 적조 현상(red tide)을 일으키고 있다.

유입되는 담수 속의 식물 플랑크톤은 생태계가 완전히 달라지면서 대부분 죽어 버리고, 적응력이 강하고 번식력이 높은 종류만 살아남는다. 이런 종류의 식물 플랑크톤은 수온과 영양염류가 적당할 때 폭발적으로 번식하면서 적조 현상을 일으킨다.

적조는 일시에 폭발적으로 늘어나다가 일시에 사멸하여 영양염류를 다시 물에 돌려준다. 에땅 드 베르 호의 수역은 다양한 우점종의 식물 플랑크톤이 번갈아가며 적조를 일으키기 때문에, 일 년 내내 적조 현상이 그치지 않는 특수한 수역이다.

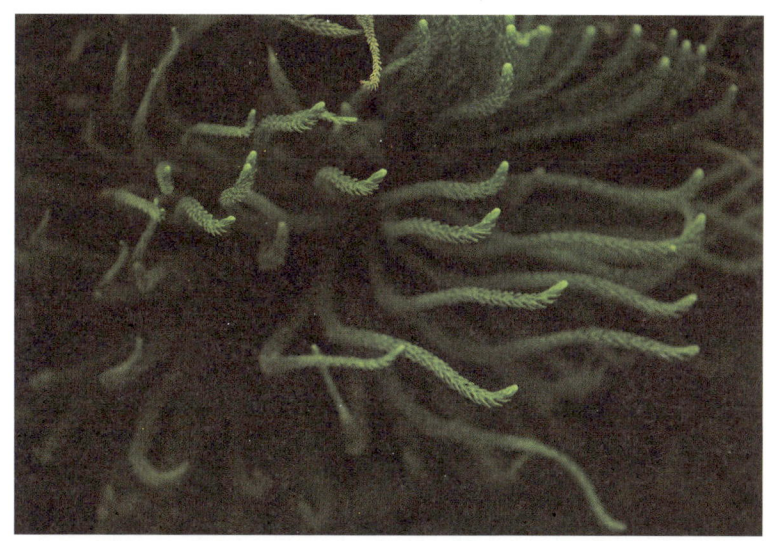

플랑크톤은 기수 생태계에 큰 영향을 미친다.

## 고산 생태계와 사막 생태계

고산 생태계의 대표적인 산으로는 아시아의 히말라야 산맥, 북미의 맥킨리 산맥과 로키 산맥, 남미의 안데스 산맥, 아프리카의 킬리만자로 산맥, 유럽의 알프스 산맥 등 위도와 고저가 다른 산맥들이 만들어내는 다양한 생태계가 있다. 지구의 표층은 상당히 심한 기복을 지닌다. 낮은 곳은 바다를 이루고 높은 곳은 산맥을 이룬다. 바다와 육지의 비율은 대략 72대 28이고 사람의 주거 환경은 육지이며 수많은 생물과 공존하고 있다.

에베레스트 8,848m, 아콩카과 6,960m, 맥킨리 6,194m, 킬리만자로 5,895m, 몽블랑 4,808m 등 지구 위에는 높은 산들이 수없이 즐비하다.

높은 고도의 환경은 고산 생태계를 이룬다. 이러한 특수한 환경의 생태계는 수심이 깊은 바다의 해구 생태계와도 비교가 된다. 심해 생태계는 종의 수나 양이 적어 거의 의미가 없어 보이지만 특수한 생물들의 서식처이다. 압력이나 온도 등이 생물이 살아가기에는 혹독한 환경이다. 산에서는 고도가 높아질수록 온도와 기압이 낮아진다. 따라서 생물이 살아가는 생태환경이 달라지는 것이다.

아프리카의 사하라 사막, 중국의 타클라마간 사막, 몽고의 고비 사막, 북미의 모하비 사막, 호주 내륙의 기브슨, 심프슨, 그리고 그레이트빅토리아 사막 등도 광활한 면적에 지극히 적은 강수량으로 인하여 독특한 생물만이 견디어 살아갈 수 있는 생태계가 형성되어 있다. 사막은 생물이 살기에 적합하지 못한 생활 환경이라서 자생하는 생물이 극히 소수, 소량이다. 따라서 특수한 생물들이 적응하여 생존하는 환경이다.

지구상 사막이 차지하는 면적은 대단히 넓은 편이기 때문에 사막 생태계를 간과할 수 없다. 사하라 사막은 남한 면적의 90배 이상 되는 황량한 대지이다. 중국과 몽골에는 고비 사막(130만$km^2$), 타클라마칸 사막(27만$km^2$) 등이 있으며, 모하비 사막은 약 7만$km^2$ 이며, 호주에도 그레이트빅토리아 사막(42만$km^2$), 그레이트샌디 사막(36만$km^2$) 등 상당히 넓은 면적의 사막들이 있다. 이들 사막은 각기 독특한 성격을 지닌 불모의 생태계를 이루고 있다. 도처에 있는 면적을 합하면 사막은 결코 무시할 수 없는 크기이며, 이들 모두 지역적으로 각기 다른 불모의 생태계를 이루고 있다.

　고산, 사막 또는 심해 등 극한 환경에서 살아가는 생물은 생체량(biomass)만 보면 유의성이 없으나, 생존을 위하여 적응하고 발달한 생체구조가 특수하다는 점에 주목해야 한다. 지구 환경은 변화가 있기 마련이어서, 예전에는 사막이었던 곳이 산림이 되고, 바다였던 곳이 고산이 되기도 했다. 그래서 세계 곳곳의 고산에서는 옛날의 바다의 흔적인 조개나 어류의 화석이 발견되기도 한다. 중국의 장자제(張家界), 위안자제(袁家界) 같은 산악지대에서도 어류 화석이 많이 나와서 그곳이 옛날에는 바다였다는 것을 알 수 있다.

## 빙하에 대하여

지구상의 빙하는 남극과 북극에 집중적으로 분포한다. 남극 대륙에는 엄청난 양의 빙하가 쌓여 있고, 북극 바다에는 막대한 양의 결빙과 빙하가 두껍게 덮여 있다. 빙하는 물이 변하여 이루어진 고체이다. 지구의 온난화 현상에 의해서 빙하가 녹아내리고 있다. 막대한 양의 빙하가 녹아내리면 해수면이 높아지고, 지구 생태계 또한 크게 바뀐다.

또한, 히말라야, 맥킨리, 알프스 등과 같은 고산에 형성되어 있는 빙하들도 녹고 있다. 이러한 빙하에서도 생물들이 살고 있는데, 빙하가 빠른 속도로 녹으면 이 생물들의 서식지가 사라지고 지구 생태계가 영향을 받게 된다.

북극의 빙하가 녹아서 항로가 생기고, 그린란드나 아이슬란드에

빙하가 녹아내리면 해수면이 높아지고 지구 생태계도 크게 바뀐다.

서는 빙하가 줄어드는 상황이 계속되고 있다. 이러한 현상은 지사학적 환경을 변화시키는 주요한 원인이 되고 있다.

아이슬란드의 빙하를 예로 들어 고찰해 보자. 아이슬란드의 빙하는 지구의 온난화와 함께 세계 지도를 변화시키고 지구 생태계를 바꾸는 중요한 지사학적 변화의 예라고 할 수 있다. 아이슬란드의 빙하는 북극권의 온실가스와 멕시코 만류의 영향을 크게 받고 있다.

2019년 8월 16일 CNN 방송은 그린란드의 경우 여름철에 하루 110억 톤의 빙하가 녹아내린다고 보도하였다. 그밖에도 북극권에는 빙하가 있는 수많은 섬들이 있다. 이러한 빙하들이 녹아 아이슬란드의 남쪽 바다로 차가운 담수를 유입시킴으로써 멕시코 만류와 부딪치게 된다. 이것이 기후 변화의 또 다른 요인으로 작용하는 것이다.

담수는 해수보다 밀도가 낮아서 해수의 상부를 덮게 된다. 이렇게 많은 양의 담수가 해역에 널리 깔리면서 유럽 지역에 기상 이변을 불러오는 것이다.

아이슬란드에서는 빙하들이 녹아서 지형에 변화가 생기고 있다. 예를 들어 아이슬란드 수도 레이캬비크 북동쪽에 있는 해발 1,198m의 오크(Ok) 화산의 빙하는 7백 년 동안이나 얼어 있었던 것이 모두 녹아서 이제 분화구에만 얼음이 남아 있다. 이에 2019년 8월 18일에는 아이슬란드의 총리, 빙하 연구자, 기후 전문가 등 백여 명이 참석하여 빙하 장례식이라는 이색적인 행사까지 치렀다. 이것은 대단히 심각한 지구 변화 과정 중의 하나라 하겠다.

지표면에서 20~30km 높이까지의 성층권에서는 오존층이 자외선을 흡수하여 지구 생태계를 안정적으로 유지해 준다. 지구의 온난화 현상은 화석 연료인 석유와 석탄의 막대한 사용으로 $CO_2$는 증가하는데, 지구상의 숲이 감소하여 $CO_2$를 흡수하는 능력이 약해지면서 발생한다. 자동차, 냉장고, 에어컨 등에서 나오는 가스도 오존층을 파괴하고 있다.

온난화의 결과로 지구의 열대화 현상, 강수량의 감소 또는 편중, 사막화 현상 등이 나타난다. 지구의 온난화를 촉진하는 온실가스의 구성은 $CO_2$가 55%, 프레온가스가 24%, 메탄가스가 15%, 이산화질소 가스가 6%를 차지한다. 지구의 온난화 현상으로 인해 여름철에는 몹시 더워지고 겨울철에는 몹시 추워짐으로써 온도의 차이가 커진다. 따라서 생물들은 종 다양성이 줄어들고, 한대는 온대로, 온대는 아열대로 바뀌면서 생물들은 도태되지 않기 위해 기후대의 천이 현상에 새롭게 적응해야 한다. 생태환경이 변함에 따라 인간 또한 생활 패턴이 바뀌고 있다(김, 2016).

온난화 현상으로 북극의 만년설은 1900년부터 2000년까지 백 년 동안 2만1천$km^3$가 녹았고, 지난 20년 동안 두께가 40% 정도 얇아졌다. 이러한 속도로 녹아내리면 2030년대에는 만년설이 사라질 가능성이 있고, 늦어도 2080년대에는 만년설이 완전히 사라질 것으로 예상된다. 현재 북극항로가 열려서 선박이 통과할 수 있을 정도가 되었다. 이것은 지구 온난화의 결과로 지구 생태계에 대변혁을 일으킬 것이 분명하다.

염도가 낮은 물이 염도가 높은 물의 상층을 덮는 것은 물리적 현상이다. 최근에는 북극의 빙하가 대량으로 녹아 얼음물이 큰 강을 이루었는데, 이 강물이 멕시코 만류의 흐름을 막아 유속을 느리게 하고 있다. 빙하가 녹은 한류가 큰 흐름을 만들며 그린란드 쪽으로 내려와서 멕시코 만류를 덮치는 것이다. 이렇게 바다의 상층을 덮은 얼음물이 유럽의 기후에 막대한 영향을 끼치면서 기상 이변이 일어나게 된다. 온난화 전에는 한류보다 난류의 세력이 강력하였으나, 최근에 얼음물의 세력이 강력해져서 해수 위에 냉수가 깔린 데다가 북극의 한랭 기온과 겹치면서 유럽 대륙이 겨울철 한파에 휩싸이는 것이다. 이것이 지금 우리가 겪고 있는 심각한 기상 이변 현상 중 하나이다.

# 3장

## 탄소중립에 대하여

## 탄소중립의 의의

 탄소중립은 녹색식물이 광합성 작용으로 탄산가스를 흡수하고 산소를 배출함으로써 양적으로 자연 평형을 유지하는 것이다. 탄소중립은 인류의 생존과 지구 환경을 보호하는 가장 효과적인 방법이다.

 지구에는 약 80억 명의 사람들이 생활하고 있다. 이들은 막대한 양의 탄산가스와 함께 플라스틱, 산업 폐기물 등을 무수히 배출하고 있다. 특히 산업이 발달함에 따라 탄산가스가 과다하게 배출되어 대기 중에 쌓이고 있다.

 아마존 강 유역의 원시림이나 열대 강우림 같은 거대한 숲과 세계 도처에 산재해 있는 산림이 인구 팽창과 산업 확장으로 인해 크게 줄어들거나 손상되고 있다. 여기에 에너지를 많이 쓰는 산업체가 증가하면서, 화석 연료를 많이 사용하고 탄산가스를 방출하고 있다. 전기를 많이 쓰는 냉장고, 에어컨, TV 등과 같은 가전제품들이 생활필수품이 되면서 각종 가스를 내뿜고 있다.

지구 온난화는 기후 변화를 일으키고, 기후 변화는 인류의 생활 환경을 파괴한다. 이는 자연평형과 생태계의 균형을 깨뜨리고 인간의 파멸을 초래할 수 있는 심각한 문제이다. 탄소중립은 인류가 생활 편의를 줄이고 대기 중 온실가스의 배출을 감소시켜 자연 생태계의 파괴를 막는 일이다. 산업체를 축소하고 일상생활에서의 편리함을 조금 절제하면 탄산가스의 양을 줄일 수 있다. 또한, 녹색식물을 비롯한 탄산가스의 수용체를 늘리면 대기의 평형을 회복할 수 있다. 국가 간의 복잡한 이해관계와 생활화된 습관을 포기하는 것이 쉽지는 않겠지만, 지구 환경을 보존하기 위해 우리가 꼭 해야만 하는 일이다.

# 탄소중립의 실제

자동차, 비행기, 선박의 배출 가스가 기하급수적으로 증가하고 있다. 이 가스들은 지구의 온도를 높이고 탄산가스의 양을 증가시켜 기후 변화를 야기한다. 지구 온난화의 주범인 온실가스의 배출량을 살펴보면 $CO_2$(탄산가스)가 55%이고 프레온가스가 24%이며 메탄가스가 15%, 아산화질소가스가 6%의 비율로 되어 있다.

현재의 환경에서 가장 이상적으로 $CO_2$를 흡수하는 방법은 광합성이다. 광합성은 녹색식물이 탄산가스를 흡수하고 산소를 내보내는 자연 현상이다. 광합성은 인류가 에너지를 얻고 생존하는 데에도 중요하다. 그러나 이러한 자연 현상에 반하는 인간의 과도한 생활 편의로 인해 $CO_2$의 양이 증가하였고 온난화는 가속화하고 있다.

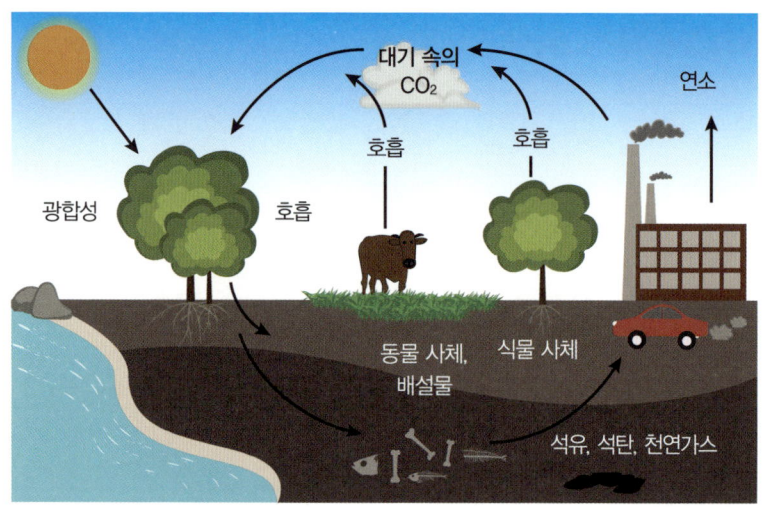

자연계에서 $CO_2$의 순환 경로

$CO_2$를 다량 흡수하는 원시림, 열대 우림과 그 밖의 수많은 산림이 벌채로 사라지고 도로, 농경지, 산업단지, 도시 등이 생겨났다. 이러한 행위를 멈추어야만 지구는 원래의 자연평형 상태로 돌아갈 수 있다.

지금까지 우리는 온난화 현상에 의한 기후 변화의 심각성을 무시해 왔다. 이제는 훼손된 산림을 복구하고 광합성 주체인 클로로필을 양산하여 $CO_2$를 사용하게 하는 것이 필요하다.

물리 화학적으로 $CO_2$를 흡착하는 기기를 양산하여 사용하는 것도 방법이다. 하지만 이런 기기는 부작용이 있을 수 있고, 지구의 시공간을 조작하는 것은 지사학적으로 대단히 부자연스럽다.

산업화가 이루어진 사회는 $CO_2$를 많이 배출할 수밖에 없다. 탄소중립을 위해서는 어디까지나 녹색식물의 자연평형에 기반을 두어야 한다. 따라서 자연 생태계에 대한 인식과 교육을 강화하는 일이 절대적으로 필요하다. 산업이 발전할수록 에너지의 수요가 늘어나는데, 이때 $CO_2$의 발생을 줄이는 방법을 찾아야 한다.

반대로, 광합성이 과다하게 일어나 탄산가스의 양이 부족하고 상대적으로 산소량이 지나치게 많아지면 부작용도 생긴다. 예로서, 미국의 요세미티 국립공원은 수목이 너무 우거져서 산소 생산량이 과다해짐으로써 주기적으로 커다란 산불이 발생하고 있다. 자연 발화에 의해 산불이 일어나는 것인데, 숲속에 산소량이 너무 많은 탓이다. 이것 또한 만만치 않은 재앙의 하나이다. 무성한 수목을 잿더미로 만들며 세계 이곳저곳에서 산불이 발생하고 있다. 이런 산불은 탄산가스의 양을 폭발적으로 증가시킨다.

# 탄소중립은 녹화 운동으로부터

원시 해양에서 녹조류가 생겨나고 진화하면서 지구에는 녹색식물이 퍼졌다. 이것은 지사학적으로 가장 획기적인 사건이 아닐 수 없다. 그러나 인류 문명이 극대화되면서 탄산가스의 양이 늘어나 기후 변화가 인류의 생존까지 위협하게 되었다. 이를 막아내는 방법은 과도하게 늘어난 탄산가스를 수용하는 제2의 광합성 작용을 강화하는 것이다

탄소중립은 지구상에 존재하는 동식물의 자연평형을 유지하는 것이다. 탄산가스의 생산과 소비는 동물과 식물의 세력을 결정한다. 인간은 동물의 세력을 강화하고 식물의 세력을 약화시켰다. 즉 사람의 세몰이가 식물의 영역을 침범하고 위축시킨 것이다. 이렇게 되면 한쪽 세력이 강해져 자연평형이 깨지고 부작용이 생기게 된다. 인류

의 생존을 위해서는 제2의 녹색 혁명이 필요하다. 즉, 식물이 번성하는 것을 적극적으로 도와 과다한 탄산가스를 줄여야 한다.

지구 역사상 생물의 세계에는 큰 변천이 있었다. 한 예를 들자면, 공룡 시대에 초식 공룡이 크게 번성하자 식물이 초토화되고 공룡들이 먹이를 구하지 못해 멸종하여 사라지게 되었다. 지사학적으로 이런 변화는 수없이 많이 일어났고, 인류도 이러한 지사학적 변화 속에서 살아가고 있다.

남미의 아마존 강 유역에는 막대한 원시림과 적도를 중심으로 한 열대 우림이 있다. 지구의 허파라고 불릴 만큼 많은 양의 탄산가스를 흡수하고 산소를 생산하는 곳이다. 이곳에는 지구의 산소 생산량의 20%에 달할 만큼 많은 녹색식물(원시림)들이 존재한다. 전에는 이보다 더 높은 비율이었지만, 최근에 원시림이 많이 파괴되면서 산소 생산량이 많이 줄었다. 산업화에 따라 반反 녹화 현상이 일어나며 탄산가스 양의 급격한 증가가 일어나고 있다. 하와이의 사탕수수 밭에서는 엄청나게 많은 양의 광합성이 일어나서 탄산가스의 양이 부족한 상태인데, 그 이유는 $C_4$식물*인 사탕수수가 광합성을 신속하게 진행하기 때문이다.

---

\* $C_4$ 식물은 광합성 과정에서 이산화탄소를 처음 고정할 때 4개의 탄소를 가진 화합물을 만드는 식물이다. $C_4$ 식물은 이산화탄소가 부족하거나 온도가 높은 환경에서도 잘 자라는데, 이는 $C_4$ 경로가 루비스코 효소의 산소화 반응을 억제하고 이산화탄소 농도를 높여주기 때문이다. $C_4$ 식물의 예로는 옥수수, 사탕수수, 조, 수수 등이 있다

지구상의 모든 생물은 산소 호흡으로 에너지를 만들어 내고 탄산가스를 배출한다. 식물도 광합성 작용을 제외하면 산소 호흡을 한다. 탄산가스의 과다한 배출과 적체로 발생한 산소와 탄산가스의 불균형 상태를 원래의 비율로 맞추자는 것이 탄소중립이다.

자연 보존 또는 녹화의 모범이 되는 나라로는 코스타리카를 들 수 있는데, 전 국토의 1/4이 산림 보존 지역 또는 공원이다. 과다하게 배출된 탄산가스를 억제하거나 처리하려고 감당할 수 없는 막대한 비용을 쓰는 다른 산업 중심의 나라들과는 대조적이다.

세계에는 수많은 자연림, 보호림, 인공림이 있다. 독일의 검은숲, 알프스의 수목, 북극권의 침엽수림대, 남미의 온대림, 열대 지방의 강우림 등 수없이 많은 원시림이 있다. 대도시에서도 녹화를 진행하여 숲이 많아졌다. 예를 들어 런던의 그린파크, 파리 교외의 퐁텐블로 숲, 서울의 서울숲 등 많은 공원들이 탄소중립에 기여하고 있다. 이러한 녹화 사업은 인류의 생존을 지속하기 위해 절실한 사안이다. 이러한 노력에도 불구하고 탄소중립을 이루어내기에는 광합성의 능력이 크게 부족하여 인류의 생존은 여전히 위협받고 있다.

# 북극과 남극의 기후 변화

　　　　　　　　　　　　북극은 원래 바다인데 빙하가 쌓이면서 얼음의 땅이 되었다. 하지만 지구의 온난화 현상으로 얼음이 녹으면서 본래의 바다 모습을 되찾게 되었고, 선박이 다니는 등의 변화가 일어났다. 기후 변화와 함께 지구촌 전체에서도 많은 변화가 일어나고 있다. 지구의 항존성이 깨지고 불가피하게 다른 변화들이 일어나고 있는 것이다.

　북극의 만년설은 열대 해역에서 대량으로 발생한 수증기가 대류를 타고 북극으로 이동하면서 생겨난 것이다. 지구의 이상 기온으로 인하여 이렇게 오랜 세월 동안 만들어진 빙하가 녹아내리고 있다. 이는 기후 재앙의 원인이 되고 있다.

　북극의 빙하 물은 담수이기 때문에 밀도가 높아 바닷물 위에 떠 있다. 이 빙하 물은 그린란드와 아이슬란드 사이의 해협을 통과하면서 강물처럼 흐른다. 마치 바다 위에 큰 강물이 흘러가는 듯한 모습이다. 이렇게 빙하 물의 양은 계절에 따라 달라진다. 지난 2022년의 경우에는 빙하 물의 양이 아주 적어져서 유럽의 기후에 영향을 미치지 못하였다. 따라서 여름 기온이 높아져 폭서기가 이어졌고 겨울에는 추위가 찾아오지 않았다.

생물들은 각기 더위에 견딜 수 있는 임계점이 있다. 이런 임계점을 넘게 되면 도태되어 사라지고 그 자리를 적응력이 강한 다른 생물이 대신하곤 한다. 다시 말해서 더위에 견딜 수 있는 생물들만 번성하는 것이다. 기후의 변화는 생태의 변화를 이끈다. 이런 변화의 원인은 지구상에 탄산가스가 너무 많이 쌓여서 온도가 오르는 것이다. 따라서 탄소중립을 실천하는 것이 지금의 급선무일 수밖에 없다.

거대한 남극 대륙은 남한 면적의 136배나 되는 땅덩어리로, 열대 해역의 수증기가 이동하여 만년설과 빙하로 변한 곳이다. 남극의 거대한 얼음 땅은 지구의 온도와 해수면의 수위를 조절하는 중요한 역할을 하며, 인류의 생존과도 밀접한 관련이 있다.

남극 대륙을 둘러싼 바다의 온도는 영하 1~2°C로 매우 낮으며, 맑고 깨끗한 얼음물로 이루어져 있다. 그러나 최근에는 기후 변화로 인해 얼음 덩어리가 급격히 녹으면서 해수면이 상승하고 해양 생태계가 파괴되고 있다. 해안 도시는 침수 위험에 직면하고 있으며, 태평양과 대서양의 수많은 산호초 도서 국가들은 존재의 위기에 처해 있다.

이러한 변화의 근본적인 원인은 남극 상공의 오존층과 온실가스의 변화이다. 남극의 얼음이 녹는 것은 지구 전체에 커다란 영향을 미치는데, 최근에는 가속도가 붙어서 더욱 빠르게 녹아내리고 있다. 이러한 변화 역시 지구 온난화 현상에 따른 것으로, 인류의 활동으로 인한 탄산가스와 다른 가스의 배출이 주요 원인이다. 인류가 살아남기 위해서는 이에 대한 대책을 마련하고 실행해야 할 필요가 있다.

# 지구의 온난화 현상과 기후 변화

　　　　　　　　　　지구의 온난화 현상으로 온대 지역이 아열대화되고, 한대 지역이 온대화되며, 태풍이 잦아지고, 국지적인 폭우와 가뭄, 폭염이 반복되고, 화산과 지진 같은 예측할 수 없는 자연재해가 세계 곳곳에서 일어나고 있다. 이 모든 것들이 환경 변화로 인한 재난이다.

　최근 몇 년 동안 여름이 되면 강렬한 폭염, 폭발적인 폭우, 강력한 태풍, 허리케인, 토네이도 등의 기상 이변 현상이 빈번하게 일어났다. 이러한 현상은 지구촌의 여기저기서 동시에 발생하며 인류의 생존을 위협하고 있다.

　이러한 추세를 보면 내년에는 기후 변화가 더 심해질 것이고 그 다음해에는 더욱 심각해질 것이다. 인류가 언제까지 버틸 수 있을지

의문이다. 확실한 것은 지구의 생태계가 파괴되고 자연의 평형이 깨져서 지구의 자연 순환에 문제가 생겼다는 것이다. 그 주요 원인은 인간이 지구를 과도하게 이용한 것이다. 즉, 탄소중립을 깨트리고 생태계를 망가트린 것이 중요한 원인으로 작용했다.

식물은 탄소중립을 실천하는 중요한 주체이다. 하지만 현재 지구상의 모든 생물과 생태계는 탄소중립을 유지할 수 있는 능력을 잃어버렸다. 다시 말해서 탄소 동화 작용으로 탄산가스를 줄이고 산소를 생산하는 균형이 무너진 것이다.

산업화 사회가 과도하게 발달하면서 탄소중립을 무시한 것도 큰 문제이다. 이런 문제를 해결하기 위해서는 탄소중립을 달성하기 위한 부단한 노력이 필요하다. 그렇지 않으면 재앙의 강도는 높아지고 인류의 파멸은 더 가까워질 것이다.

지구의 온도는 인류가 생활을 영위하기 위한 가장 중요한 조건이다. 온도의 변화가 극심해도, 비가 거의 오지 않거나 너무 많이 와도, 대형 화산이나 지진의 폭발 등이 일어나도 인류의 생존은 위협받는다. 이러한 재난의 반복은 인류와 함께 지구상 동식물의 파멸을 예고하는 것이다.

# 인류의 멸망 - 사람은 지구의 주인이 아니다

지구에서 발생한 생명체는 진화 과정을 거치면서 다양한 종으로 분화하였고, 그 결과 지구상에는 수많은 동식물이 생겨났다. 이 과정에서 우점종(dominent spieces)의 출현과 소멸이 반복되었다. 고생물학은 화석의 연구로 진화의 시공간적 자취를 증명하고 있다.

자연 상태에서 종의 출현, 번성, 극상, 사멸은 자연의 순리인 동시에 법칙이다. 지금까지 과학 기술은 인간을 위대한 존재로 만들어 왔지만, 자연평형이 인류를 사멸시키는 요인이 될 수도 있다. 여기에 최첨단 과학 기술은 어떤 역할을 할 수 있을까?

오늘날 지구상 우점종은 인간(*homo sapiens*)이다. 인간은 발달한

두뇌를 바탕으로 세상을 지배하고, 과학 기술을 통해 자연을 정복하려 하고 있으며, 심지어는 자연의 법칙을 무시하고 지배하려고까지 한다.

하지만 과학 기술로 지구 환경을 통제할 수 없다. 인간의 능력으로는 지구의 운행 질서에 참여하는 것이 불가능하다. 예를 들어, 밤을 낮으로 바꾸거나 지구의 운행 속도를 조절하는 것, 바다와 육지를 바꾸는 것, 화산이나 지진을 조절하는 것 등은 인간의 능력 밖의 일이다.

또한 지구의 온도, 강수량, 사막 등을 과학 기술로 조절하는 것은 매우 어려운 일이다. 지구의 20~30km 상공에 존재하는 오존층의 영향도 있지만, 인간이 배출하는 탄산가스의 양이 증가하면서 대기권의 상공에 햇빛을 막는 온실가스가 지구의 기후를 변화시키고 인류에게 재앙으로 다가오고 있다. 이런 상황에서 자연평형이 탄소중립과 밀접한 관련이 있다는 것을 실감하게 된다.

현재 인간은 지구상에서 최적의 우점종으로 번성하고 있지만, 과거에 지구를 뒤덮던 다른 동식물의 우점종을 생각해 보지 않을 수 없다. 인간의 번성이 지구 환경에 부정적인 영향을 미치고 있기 때문이다. 다시 말해서 인간의 의식주 활동에서 발생하는 탄산가스($CO_2$)를 비롯한 각종 폐기물은 인류의 생존에까지 큰 위협이 되고 있다.

현재 지구에 사는 약 80억 명으로부터 배출되는 탄산가스와 폴라스틱 같은 생활 폐기물 등이 지구 환경을 변화시키고 있다. 이뿐만 아니라, 에너지를 사용하는 산업체가 기하급수적으로 증가하면서 아직도 많은 화석 연료로 전기를 생산하여 냉난방에 사용하고, 수많은 냉장고, 에어컨, TV 등과 같은 가전제품들이 필요한 전기를 사용함으로써 온실화 현상을 가속화하고 있다. 이에 따라 탄산가스의 증가가 폭발적으로 일어나고 있으며, 주체할 수 없을 만큼 빠른 속도로 쌓이고 있어 인류의 파멸을 예고하고 있다.

지구상의 생물은 산소 호흡을 통해 에너지를 생산하고, 탄산가스를 노폐물로 배출한다. 식물도 광합성 작용 외에 호흡 작용을 통해 산소를 소모한다. 따라서 과다한 탄산가스의 배출이 문제가 된다. 이러한 산소와 탄산가스의 불균형 상태를 원래의 적절한 비율로 맞

탄소중립이 깨지고 지구의 온난화가 가속화되면 자연평형이 무너지고 생태계 파괴와 인류의 파멸에 이를 수 있다.

추어 놓자는 것이 탄소중립이다.

  그러나 현재 거대한 숲, 원시림, 열대 강우림 등 세계 곳곳의 거대한 원시림이 인구 팽창과 산업 발달로 나날이 축소되고 있다. 이에 따라 산업체를 축소하여 탄산가스의 배출량을 줄이고 생활의 편리함도 절제해야 한다는 국제적 공공 의식이 일어나고 있다.

  탄소중립을 실천하는 것은 국가 간의 복잡한 이해관계로 얽혀 있어 쉬운 일이 아니며, 생활의 편리함을 포기하는 것도 쉽지 않다. 하지만 현재 탄소중립이 심각하게 깨지고 지구의 온난화가 가속화되면서 기후 변화가 인류의 생활 환경을 파괴하고 있는 것은 자연평형의 문제로, 생태계 파괴와 인류의 파멸을 예고하는 중대한 문제가 아닐 수 없다.

# 4장

# 아시아의 자연 생태계

# 중국의 자연

## 신장 위구르 자치구의 자연

**신장 위구르의 사막 자연과 오아시스**

중국의 서북쪽에 위치한 신장 위구르 자치구는 자연지리적으로 광대한 산맥과 광활한 평야가 섞여 있다. 신장 위구르 자치구의 면적은 166만km²로서 중국 총면적의 1/6에 해당하는 사막 지대다.

신장의 한자인 신강(新疆)에서 강(疆)이라는 글자는 알타이 산맥과 톈산 산맥 사이에 중가리아 분지가 형성되어 있고, 또 톈산 산맥과 쿤룬 산맥 사이에 타림 분지와 타클라마칸 사막이 밭 전(田) 자와 비슷한 모양으로 위치한 자연지리적 경계 형상으로부터 만들어진 신조어이다.

신장 위구르의 주도는 우루무치인데 아름다운 목장이라는 뜻이다. 여기에서 96km 떨어진 텐산의 천지(天池)는 자연 경관이 뛰어난 관광지역이다. 주위에는 높이 5천5백m의 고산이 있고, 백설을 이고 있는 원경이 아름답다.

텐산 천지는 해발 2천m가 넘는 고산에 백두산의 천지 같은 커다란 호수가 있다. 수면이 상당히 넓으며 많은 수량을 지니고 있다. 백두산처럼 관광지로 개발하여 많은 관광객을 유치하고 있다.

고산의 눈이 녹아 모인 호수의 물은 맑고 깊이도 있어서 수색은 청색을 띠고 있다. 이 호수의 물은 지하로 흘러가 신장 위구르의 사막에 오아시스를 만들어 준다. 카레즈(Karez)라는 고대의 수리시설은 땅속의 수맥을 지상으로 끌어올려 농업에 이용했다.

이곳에서도 고산 생태계의 단면을 볼 수 있다. 호수 주변은 숲을 이루고 있는데, 거목의 히말라야시다. 자작나무, 버드나무, 소나무류 등을 쉽게 볼 수 있으며 장미류와 우엉 등 여러 가지 식물과 꽃들이 자생한다.

고산을 이루고 있는 암석은 검은색을 띠며 매우 건조하다. 이 지역은 자연지리적으로 한랭한 기후대와 겹쳐 절대 불모지를 이루고 있다. 그러나 산의 아래쪽에는 풍화 작용의 정도에 따라 초원이나 숲이 형성되어 있다. 이곳 환경에서는 토양의 양과 산의 고저에 따라 초본대, 관목대, 교목대가 뚜렷하게 구분되어 나타난다.

신장 위구르에는 교하고성(交河故城)을 수도로 하는 차사국(車師國)

톈산 천지는 해발 2천m가 넘는 고산에 있는 호수다.

이라는 나라가 기원전 40~50년부터 기원후 400~500년 사이에 존재했다. 사막 안에 오아시스로 만들어진 나라로 주민의 반 정도가 아랍인이었다. 그들은 사막의 영토를 보전하기 위하여 흙과 갈대로 성곽을 쌓았다. 교하고성은 현재 사막 속에 유적지로만 남아 있다. 인구가 약 일만 명이나 되었던 이 나라는 한나라에 정복당하여 완전히 초토화되어 사라졌다. 성곽의 어느 한 곳은 아이들만 모아서 학살한 장소도 있어서 멸망이란 얼마나 잔인하고 비참한가를 보여준다.

신장 위구르 자치구에는 타클라마칸 사막(Taklamakan Desert)이 있다. '타클라'라는 단어는 '죽음'을 뜻하고 '마칸'은 '끝없이 넓은 광

신장 위구르의 고대 국가 차사국의 유적 교하고성

야'라는 뜻이다. 다시 말해서 들어가면 살아서 나올 수 없는 광활한 사막이라는 뜻이다. 사막의 길이는 약 1천km이며 폭은 약 4백km, 전체면적은 약 37만km²이다.

이곳은 연평균 강수량이 16mm로 기록되어 있다. 한여름 폭염 때에는 70℃까지도 올라 지구상에서 가장 더운 지역으로 알려져 있다.

이 사막의 남쪽으로는 쿤룬 산맥이 있고, 서북쪽으로는 톈산(天山)이 있으며, 동쪽으로는 해수면보다 무려 154m나 낮은 투루판 분지가 있다.

쿠무타거 사막은 선선(鄯善)과 접하고 있으며 북위 40도 전후에 위치하는데 우루무치에서 약 3백km 떨어져 있다. 여기에는 화염산이 있는데, 산의 높이는 1천m 정도이며, 폭이 대략 10km, 길이는 약 1백km의 거대한 산이다. 여름철에는 기온이 대단히 높아 보통 60℃ 정도이며 최고 온도는 81.4℃까지 올라간 적이 있다. 사암석으로 된 이 산은 비가 내리지 않아 생물이 생존하기에 대단히 어렵고, 특히 기온이 뜨거워서 절대 불모지를 이루는 고원의 사막 지대이다.

이런 환경에서는 생명의 존재를 찾아보기 어렵지만, 이 산의 주변에는 지하수가 흐르고 그 물로 인하여 오아시스 마을이 형성되고 풍성한 과수원이 조성되어 있다. 이곳에서 생산되는 각종 과일은 아주 때깔이 좋고 질이 우수하다. 특히 포도 같은 과일은 당도가 높으며 맛이 뛰어나게 좋다. 풍부한 태양 광선과 물이 존재한다는 것은 식물뿐만 아니라 모든 생물이 생존할 수 있는 근원임을 실감하게 한다.

선선의 아름다운 모래 산에서는 관광용 사막 지프 차를 타고 모래 구릉을 넘나들며 사막의 자연 경관을 즐길 수 있다. 정교하게 형성된 모래 구릉의 선은 예술적이라고 할 수 있을 정도로 아름답다. 맨발로 사막을 걷기도 하고, 모래 산의 경사를 이용해 미끄럼타기도 한다. 이 모래 산에서는 생물의 자생력이라곤 보이지 않았고 어떤 식물의 존재도 찾아볼 수 없다.

둔황(燉煌) 근처에는 명사 산이라는 모래 산이 있다. 명사(鳴沙)라는 이름은 사막에서 모래바람이 불면 우는 소리를 낸다는 데서 붙여진 이름이다. 이곳에서는 사막의 자연을 체험하면서 즐길 수 있도

둔황 근처의 명사산

록 여러 가지 레저 시설이 갖추어져 있다. 낙타를 타고 산기슭을 트래킹하거나, 가파른 모래 썰매장에서 미끄럼을 타거나, 사막 지프 차로 모래 구릉을 달릴 수도 있다. 바람이 수시로 모래 구릉들을 생성하고 소멸시키므로 사막 식물조차도 뿌리를 내릴 시간적 여유가 주어지지 않아 이곳은 절대 불모지를 이룬다.

그런데 명사 산 옆에는 월하천이라는 오아시스 자연이 펼쳐진다. 아름다운 건축물과 함께 정원과 연못에는 물고기가 살고, 각종 관상용 식물이 생기 넘치게 자라난다. 또한 비옥한 과수원이 있어서 품질 좋은 과일들을 생산해 내고 있다. 여러 가지 동식물의 자생력을 관찰할 수 있고 오아시스 생태계를 볼 수 있지만, 바람과 함께 휘

몰아치는 모래 먼지는 막을 수 없다.

### 둔황의 막고굴

둔황의 막고굴(莫高窟)은 신장 위구르에 위치하는 세계적으로 주목받는 불교 문화의 요체이다. 둔황의 인구는 19만2천 명에 불과하지만, 유동인구까지 합치면 34만 명에 이르는 사막 도시다. 이곳은 타클라마칸 사막과 몽골의 고비 사막을 양옆에 둔 오아시스의 도시로서 실크로드의 베이스캠프와도 같은 고대 도시이며, 현존하는 사막 도시이다.

불교 문화의 정수를 보이는 막고굴의 전체 수는 735개인데 현재 볼 수 있는 것은 492개이고, 하루에 볼 수 있는 한도는 8개에 불과하다. 이 막고굴은 1천6백여 년 전 수나라의 수양제 때부터 1천1백 년 전 당나라 시대에 걸쳐 만들어진 석축물이다. 제일 오래된 석굴은 1천6백 년 전쯤의 것이다. 하루 동안 막고굴을 찾는 관광객을 6천 명으로 제한하고 있다.

막고굴은 사암으로 된 바위산에 굴을 파고 부처님을 모셔 놓은 암자들의 집합체이다. 부처님 형상은 느릅나무로 내부 형상을 만든 다음 외부 형태를 완성하여 동굴로 옮겨 설치했다. 크기가 무려 23m나 되는 초대형의 부처상도 있지만, 굴마다 부처의 모양은 대동소이해 보인다.

절벽의 바윗돌을 파서 기도원을 만든다는 것 자체가 대단히 어려운 공사이다. 이 주변의 산들은 풍부한 산림으로 덮여 있는데, 이것들을 막고굴 건축에 사용했다. 목재 발판을 지은 다음 그 위에서 작업을 하고, 이렇게 외부에서 만든 대형 부처를 굴로 옮겼다. 따라서 주변의 산림은 벌목되고 자연은 심하게 파괴되었다.

막고굴은 부처님을 모시고 기도하는 불당이었는데, 막고굴을 건설하는 사람의 재력에 따라서 부처님의 크기가 다르고 재질이 달랐다. 부유한 사람이 만든 부처는 크고 금으로 도금한 것도 있다. 죽음의 사막 지대를 횡단하는 어려움 속에서 서역과의 교역을 통하여 얻은 재력을 가문의 복락과 사업의 번창을 희구하는 종교 의식으로 표현한 것이다.

막고굴은 개인의 복락과 영생을 위하여 가산을 바쳐 만든 개인 소유의 석굴이지만, 1944년에 국가가 몰수하여 세계 문화유산으로 등재하고 관리하고 있다. 이 석굴들은 1천6백 년 전부터 수백 년의 세월에 걸쳐 만들어졌으며, 인간의 영원불멸을 염원하는 기도 장소였다. 다시 말해, 자연환경적으로 생존하기 어려운 사막 생활에서의 구원을 위한 것이었다.

막고굴은 동양의 불교 문화의 정수로서, 서양의 바티칸 박물관, 성 베드로 성당, 그리고 근세에 시작하여 이삼백 년 동안 건축이 진행 중인 바르셀로나의 성가족 성당과 같은 기독교 문화의 정수와 비견된다.

막고굴의 17호 석굴은 경전과 문헌을 모아 놓았던 곳으로, 1002년

동양 불교의 정수, 둔황 막고굴

부터 1900년까지 무려 900년 동안 벽화로 가려져 폐쇄되어 있었다. 5만여 점의 문화재가 고스란히 발견되었는데, 각종 서적과 문헌은 국제적인 것으로 인도어, 터키어, 이란어, 중국어 등 다양한 언어로 쓰여 있었다.

이 막고굴이 폐쇄된 이유는 문서를 많이 모아 쌓아둘 공간이 부족했거나, 외세의 침략으로 불경을 보호하기 위하여 취한 조치였을 것으로 추측된다. 막고굴 96호는 중국이 내세우는 초대형 미륵 불상으로 막고굴을 대표한다.

신라 시대의 혜초는 이곳에 와서 여러 해 동안 생활하며 인도까지 다녀온 후 『왕오천축국전』이라는 여행기를 저술하였다. 이 책은 이곳에 보관되어 있던 5만 권의 책 중 하나였다. 그러나 중국이 외세에 점령당했을 때, 프랑스인이 이 책을 입수하여 현재 루브르 박물관에 보관되어 있다. 이곳 막고굴에는 사본만 전시되어 있다. 강압적으로 빼앗겼거나 헐값으로 구매하여 프랑스로 건너간 것으로 보인다. 신라 시대에 둔황을 거쳐 인도까지 기행하고 『왕오천축국전』이라는 소중한 유산까지 남긴 혜초의 활약이 놀랍다.

100여 년 전, 김대건 신부가 3년 동안 시베리아 벌판을 지나 파리에 가서 신문학으로 학사학위를 받고 신부가 되었던 것도 뛰어난 역사의 한 단면이다. 이는 하나님의 계시가 없었다면 이룰 수 없는 초인적 행보였다. 인류 역사상 이러한 뛰어난 인물들이 각 분야에서 세계적인 문화를 창조해 냈다.

## 중국 광시 지방, 구이린의 자연

### 구이린의 자연

구이린(桂林), 한자로 계림(桂林)이라는 이름은 이 지역에 계수나무가 많아서 붙여진 이름이다. 구이린 시의 가로수는 대부분이 계수나무 또는 용수나무이다. 계수나무에는 금계수, 은계수 등 4종류가 있으며 꽃이 피면 향기가 좋다. 용수나무는 꽃이 피면 수염이 달린 듯 실뿌리가 다량으로 허공에 매달려서 늘어진다. 이 밖에도 구이린 시의 곳곳에서 느티나무 거목을 볼 수 있으며, 정자 같은 휴식처로 활용된다.

구이린 시에서는 양강(兩江) 4호(四湖)의 아름다운 산수 자연을 누릴 수 있다. 양강(2개의 강)으로는 리(漓) 강과 타오화(桃花) 강이 있다. 리 강은 매우 큰 규모의 하천이며 타오화 강은 리 강의 한 지류로서 구이린 시를 통과하여 다시 리 강으로 합류된다. 타오화 강은 규모는 작으나, 구이린 시의 4개의 호수와 연결되어 있다. 북쪽부터 몽룡호, 계호, 용호, 삼호이다. 구이린 지역에는 강수량이 많은 편이어서 강의 수량도 풍부하다. 리 강의 길이는 430km이고 남쪽에서 주(珠) 강과 합류하여 홍콩의 바다로 흘러간다.

리 강의 강변에 펼쳐지는 산수는 아주 독특하여 산봉우리가 마치 샴페인 잔을 엎어 놓은 듯한 모양을 하고 있으며, 능선이 없이 산 하나하나가 오똑하게 서 있다. 리 강의 강변과 원경에는 수많은 산봉우리가 거의 비슷한 형태로 겹쳐 보이는데, 구이린 지역에 무려 3만5천여 개의 산봉우리가 있다.

수억 년 전에 바다가 솟아올라 이곳의 현재 자연을 이루었다. 조개 등의 바다생물 화석이 산에서 발굴되는 것이 그 증거다. 기나긴 세월 동안 풍화 작용이 있었지만, 마치 처음 생성되었던 때의 모습처럼 산의 외형이 크게 변모되지 않았다.

이곳의 자연 식생은 활엽수림대를 이룬다. 기후는 혹독한 추위가 없어서 겨울에도 7~8℃이고 여름에는 30℃가 넘는 아열대성 기후를 보인다. 강수량도 비교적 적절하나 건기가 두 차례, 서너 달 동안 있다.

산의 토양은 거의 모두 암석으로 되어 있고, 암석 사이에는 상록 활엽수가 산봉우리까지 자생하고 있다. 따라서 외형적인 경관은 연중 상록수림대를 이루고 있다. 산봉우리들이 모여 있으나 독자적이다. 그러나 이 많은 산봉우리들 중에서 고산이나 거산은 없다.

리 강의 물은 진한 초록색으로 상당히 탁하게 보이는데, 봄이면 식물 플랑크톤이 대량 번식하여 부영양화 현상을 이루기 때문이다. 특히 강물의 줄기가 산의 암벽과 접하여 흐르는 곳은 좋은 경관을 이룬다.

구이린은 지리적으로 베트남과 가까워 자동차로 4~5시간이면 갈 수 있고, 홍콩과도 멀지 않다. 기차로 3시간이면 쿤밍에도 갈 수 있으며 세계의 4대 폭포라는 황궈수(黃果树) 폭포는 2시간 거리에 있다. 구이린 지역에서 볼 수 있는 몇 가지 경관은 다음 같다.

**관옌(冠岩) 동굴** : 구이린 지역에는 동굴이 발달해 있다. 유명한 동굴로는 관옌 동굴이라는 대단히 큰 동굴이 있다. 승강기로 60m 지하로 내려가면 동굴 전체를 조명으로 꾸며 놓은 지하 광장이 있다. 동굴에 꼬마열차가 운행되는 등 자연 그대로의 모습은 많이 훼손되어 있다. 종류석이나 지하수의 흐름이 적으며 꼬마열차를 타고 동굴을 둘러보다 보면 거의 동일한 암석으로 이루어져 있는 것을 알 수 있다. 미국의 루레이(Luray) 동굴처럼 극히 일부를 자연 그대로 전시하는 것이나, 호주의 반딧불 동굴처럼 지하 강물이 흐르는 것과는 전혀 다른 형태의 과잉 개발된 동굴이라 하겠다.

**요산(堯山)** : 요산은 구이린에서 유일한 흙산이라고 하며 리프트로 2km 정도 등반을 하면서 식생을 관찰할 수 있다. 이곳에서 볼 수 있는 식생은 소나무 군락이며, 활엽수로서는 참나무 종류가 다소 섞여 있고, 관목으로는 진달래 종류가 많이 자생하고 있다. 이곳에서는 진달래를 두견화라고 하는데, 해걸이를 하여 3년마다 왕성하게 꽃이 만발한다고 한다.

**천산(穿山)** : 천산은 백만 년 전에 지각 변동으로 산의 중허리가 뻥 뚫어졌다고 하는데 암벽으로 이루어진 산 중턱에 큰 동굴처럼 되어 있다. 이 산을 월량 산이라고도 하며, 밤에는 뚫린 터널 구멍으로 달을 볼 수 있다. 밤에는 외곽에서도 뚫린 형태를 잘 볼 수 있도록 조명을 해 놓았다.

**첩재(疊彩) 산** : 첩재 산의 산꼭대기에서는 구이린 시의 전경을 조망할 수 있다. 구이린 시 주변를 둘러싸고 있는 많은 산봉우리들의 경관이 대단히 아름답다. 강의 흐름과 구이린의 도시 전경을 내려다 볼 수 있는 곳이기도 하다. 실제로 이 산은 조그만 동네 산으로 시민들이 모여서 아침 운동을 하고 산보를 하는 장소이다.

**용호공원** : 이 공원에는 청나라 때 계림사 장원이라는 4명의 지성인을 석상으로 만들어 놓았다. 1791년부터 1911년까지 구이린의 지성인으로 추앙받았던 사람들이다. 이 공원의 특징은 수목이 거의 용수나무로 이루어져 있다는 것이다. 특히 천년의 수령을 자랑하는 용수나무가 수려한 모습 그대로 보호되고 있는 것이 특징이다.

**양쉬현의 자연**

양쉬(阳朔县) 현은 구이린 시에서 남쪽으로 68km 떨어져 있으며 수려한 경관의 명성을 지닌 곳이다. 이곳에는 좡족의 민속촌이 세외도원(世外桃源)이라는 이름으로 수려한 자연을 배경으로 조성되어 있

양쉬 현, 리 강에서 바라본 경관

다. 세외도원이라는 말은 이 세상 밖의 이상향, 즉 낙원이라는 말이다. 소수 민족인 좡족을 보호하면서 산수가 빼어난 이곳을 관광 단지로 만들어 놓았다. 호수에서 배를 타고 주변 경관을 둘러보면 민속촌 안에 좡족이 그들의 고유한 풍습이나 노래를 연기하고 있다.

양쉬 현의 리(漓) 강에서 뗏목을 타고 다니면서 경관을 접하면 첩첩이 펼쳐지는 이 지역의 산천을 조망할 수 있다. 산 모양이 뾰족뾰족한 산을 아버지 산이라고 하며, 둥글둥글하고 아기자기한 산을 어머니의 산이라고 한다. 어쨌든 이곳의 산수는 다른 곳에서 찾아볼 수 없을 만큼 독특하다.

강물 색은 진초록색이고 어류가 상당량 번식하고 있음을 알 수 있다. 물론 이곳 사람들도 의식을 가지고 자연보호를 실천하고 있는 듯 하지만, 강물에 페트병이나 스티로폼 같은 오염 물질이 자주 보인다.

이들은 실제로 자연을 보존하기 위하여 개발을 하지 않고 건물도 5층 이하로 제한하여 산의 경치를 막지 않으

가마우지 낚시

려 하고 있다. 어부들은 가마우지를 이용한 전통적인 낚시를 관광용으로 개발하였다. 잘 훈련된 가마우지는 어부의 숙련된 호령에 따라 물속으로 곤두박질쳐 물고기를 입속에 넣고 나오면 어부는 이미 식도로 들어간 물고기를 빼내는 방식으로 전통 낚시를 시현해 보인다.

**인상유삼저(印象劉三姐)** : 장이머우 감독이 연출한 수상 가무 쇼로서 양삭에 펼쳐진 절경의 산수를 배경으로 만들어졌다. 유씨 집안의 셋째 딸이 머슴과 정분이 나서 신분 차이를 극복하고 결혼하게 된다는 내용이다. 농민운동을 주제로 한 드라마이다. 이 쇼는 영상 효과를 극대화하기 위해 밤에 공연되며, 실제로 리 강의 넓은 수역과 수려한 산들이 무대 장식이나 배경으로 쓰이고 있다. 출연진만도 수백 명이 되는 큰 규모의 수상 쇼다.

리 강에서 벌어지는 수상 쇼 인상유삼저

### 좡족과 소수 민족

중국에는 5개의 자치구가 있으며 56개의 소수 민족이 살고 있다. 소수 민족의 특성은 우선 고유 언어가 있으며 독립적인 글자를 가지고 있다는 것이다. 티베트 자치구, 몽골 자치구, 신장 자치구, 연변 조선족 자치구, 광시 좡족(壯族) 자치구가 있다. 좡족은 한족의 한 부류라고 알려져 있으나 언어가 다르다. 그러나 이들은 자체적으로 문자를 가지고 있지는 않다.

광시(廣西) 지방은 28만km²이고 인구는 3천5백만 명이지만 이 지역에 사는 좡족은 1천만 명이며 구이린 시는 광시 자치구의 중심 도시로 약 6백만 명의 시민이 살고 있다. 좡족이 많은 탓으로 자치구가 된 것이다. 좡족은 외형적으로 체구가 상당히 왜소하다.

연변 조선족 자치구에서는 중국 정부가 소수 민족 우대 정책으로 한글을 우선 표기하고 한자를 쓰게 하며 자녀들도 제한 없이 출산할 수 있다.

하지만 중국은 사회주의 국가로서 핵심 사상은 부강(富强), 민주(民主), 문명(文明), 화해(和解), 자유(自由), 평등(平等), 공정(公正), 법치(法治), 애국(愛國), 경업(敬業), 성신(誠信), 우선(友善)이다. 지상 낙원을 형성하려는 모습이지만 실제로는 모든 인간의 평준화로 창의성이 없고 효율성이 떨어지며 자유가 제한되어 있다.

특히 티베트나 내몽골, 연변 같은 곳은 땅덩어리를 국가가 강제로 점령하여 중국화하고 있어 문제가 되고 있다. 예로써 티베트 지역에

전통 의상을 입고 있는 쫭족 여인들

는 현재 3천만 명의 인구가 살고 있지만 티베트족은 5백만 명에 불과하고 끈질기게 독립을 요구하고 있는 지역이기도 하다.

연변의 조선족 자치구에는 조선족이 2백만 명으로 소수 민족 중 8위를 차지하고 있었으나 지금은 인구가 100만 명으로 15위로 떨어졌는데, 이것은 조선족이 한국이나 중국의 다른 지역으로 이주했기 때문이다. 중국 정부는 아직도 소수 민족의 분산 정책을 꾸준히 진행하고 있다.

## 황허 강의 자연

황허(黃河) 강은 칭하이(青海) 성의 쿤룬(崑崙) 산맥에서 발원하고 있다. 다시 말해서 바옌가라(巴顏喀拉) 산맥 중에서 카일 계곡이라는 곳에서 발원한다. 고도 4천5백m의 고원에서 시작하여 길이

5,464km의 흐름을 지닌 하천으로 유역 면적은 944,970km²이고 평균 유량은 2,571m²/sec이다.

황허 강은 중국 문화의 근원을 이루는 중요한 하천으로, 황허 강이 지나가는 성으로는 칭하이(靑海) 성, 쓰촨(四川) 성, 간쑤(甘肅) 성, 닝샤후이족(寧夏回族) 자치구, 네이멍구(內蒙古) 자치구, 산시(山西) 성, 허난(河南) 성, 산둥(山東) 성을 흘러서 발해(渤海) 만에 하구를 가지고 있다.

이 강의 유역 면적 안에는 곳곳에 중요한 대도시가 있고, 고유한 한족의 문화가 형성되어 있으며, 삼문협(三門峽) 댐이나 유가협(劉家峽) 댐과 같은 대형의 다목적 인공호가 건설되어 막대한 수량을 담수하여 적절하게 활용하고 있다.

란저우(蘭州) 시에서 버스로 두 시간 거리에 있는 대형 인공호인 유가협 댐은 담수량이 57억 톤이나 되며 담수 수면의 거리는 54km이다. 댐의 수심도 깊은 곳은 170~180m나 된다. 이 댐은 1958년에 착공하여 1974년에 완공되었는데, 인공호의 양안이 기암괴석으로 이루어져 매우 수려한 경치를 보여주고 있다. 댐의 상단에는 병령사(炳靈寺) 석굴이 자리잡고 있어서 관광지로 개발되었다.

병령사는 둔황의 막고굴과 같이 석굴이 모여 있는 곳이다. 하지만 이곳은 사막 지대의 사암이 아니고 암석의 돌산이다. 건축하는 사람의 신심과 재력을 반영하여 기도하는 굴을 파놓은 것이다. 막대한 노동력과 비용이 소요되었고, 산림 자원을 이용하기 위해 이 일대의

중국 서북부 간쑤 성에 건설된 대규모 인공댐 유가협 댐

산림을 거의 다 벌목하여 썼다고 한다. 병령사 또한 황허 강줄기의 하나가 빚어 놓은 경관 지역이라고 할 수 있다.

황허 강은 깐수 성의 란저우 시 도심을 관통하고 있다. 황허 제1교에서 관찰되는 황허 강은 수량이 많은 큰 강물로서, 도도하고 세차게 흐르며, 황토가 많이 섞여 물의 색은 주로 황토색을 띤다. 아주 탁하지만 오염 물질은 섞여 있지 않은 것으로 보인다.

란저우 시에는 285만 명의 인구가 살고 있다. 강의 양안은 잘 정비되어 있으며, 강 언덕의 산 여기저기에 많은 절들이 보인다. 또한 강의 중요성을 강조하기 위하여 돌로 조각된 황하모친상(黃河母亲像)이 공원에 세워져 있다. 부드럽고 자애로운 모성의 모습을 보여주는

암석의 돌산에 지어 놓은 깐수성 마이지 산 석굴

황허모친상의 의미는 황허 강이 중국인의 어머니 같은 자연이며, 안겨있는 어린아이처럼 중국인에게는 젖줄 같다는 의미를 조각으로 표현한 것이다.

란저우 시의 강가에는 커다란 2개의 물레방아가 서 있는 수차 공원이 있다. 하나는 강물의 일정량을 이용하여 서서히 돌고 있으며 다른 하나는 전시용으로만 서 있다. 또 하나, 이곳에 전시된 특이한 전시물로는 옛날에 홍수가 나면 구급용으로 이용되었던 돼지 통가죽의 부표가 있다. 옛날에 사용했던 홍수 위기관리 기구가 오늘날에는 아주 특이하고 낭만적인 수영 도구처럼 보인다.

황허의 하구는 장강 대하의 물속에 포함된 황토나 토사를 발해만으로 오랜 세월 동안 유입시킴으로써 바다의 성격에도 지대한 영향을 미치고 있다. 우선, 바닷물의 색깔이 황토색이어서 바다 이름이 황해라고 붙여지기까지 했다.

발해 만에는 방대한 갯벌 자연이 펼쳐진다. 갯벌 속에는 수많은 종류의 저서생물과 해양 미생물이 자생하고 있으며, 장구한 세월 동안 토사와 해양 생물이 층을 이루며 쌓여서 지구 역사의 한 단면을 보여주기도 한다. 이러한 갯벌은 지사학적 또는 진화학적으로 중요한 연구 자료를 제공한다.

## 허베이 지방, 롱칭샤의 경관

허베이(河北) 지방에 있는 롱칭샤(龍慶峽)는 베이징 시에서 서북쪽으로 70여km 떨어진 관팅수고(官廳水庫)의 상류에 위치한 대협곡의 댐이다. 뾰족한 산봉우리들이 모여 있는 산악지대 협곡의 하단을 막아서 담수한 댐이다.

롱칭샤(龍慶峽)는 수많은 산봉우리가 밀집된 협곡에 인공호수를 만든 것으로, 산봉우리가 물 위에 섬처럼 떠 있는 경관을 보여준다. 산들은 침수되고 산봉우리만 남아 있는 상태이다.

이들 산은 암석으로 이루어져 있으며, 오랜 세월 풍화 작용으로 바위가 부서져 흙이 된 부분에 초목이 자생하고 있다. 그러나 전반적으로 바위산으로 남아 있는데, 물 위에 떠 있는 산봉우리의 높이는 대략 1백~2백m 정도이다. 그러나 좁은 협곡이어서 가까운 거리에서 보이는 산봉우리는 상당히 높아 보인다.

암벽에서 자라는 초목은 빈약하며, 마치 자연의 분재와 같이 왜소한 모습을 하고 있다. 여기에 자생하는 수목은 침엽수가 우점종을 이루고 소나무와 전나무 종류가 많아 보인다. 활엽수로는 백양목을 많이 볼 수 있다. 바위 사이사이에는 작은 관목이 자라고 있다. 이러한 식생이 물 위에 떠 있는 산을 어느 정도 녹화시키고 있다. 지의류도 상당히 많이 자생한다.

야생동물이 살기에는 부적절한 환경이며, 식물이 자생하기에도 적절하지 못한 험준한 바위산이다. 다시 말해 바윗덩어리 산이고 경사가 수직에 가까울 정도로 가팔라서 생물의 생존 공간이 거의 없다.

롱칭샤에서 네이멍구 자치구의 두어론까지는 도로로 4백여km이다. 베이징에서 네이멍구까지 자동차로 북상을 하게 되면 산림의 변화 특히 생체량의 변화를 뚜렷하게 관찰할 수 있다. 온대에서 한대로, 산림 지역에서 사막 지대로의 이동으로 생태계의 변화와 생체량의 급격한 감소 현상을 뚜렷하게 볼 수 있다.

롱칭샤의 댐은 산악의 물을 가둔 상태이기 때문에 수심이 상당히 깊다. 유람선이 다니기에는 산봉우리가 너무 많아서 수로가 오밀조밀하다. 마치 수중 미로를 다니는 것 같다. 물과 산이 밀착된 자연 경관이 아름다운 조화를 이루고 있다.

봄철에는 물의 색깔이 짙은 청색을 띠어 수심이 상당히 깊어 보이며, 수온은 차가운 편이다. 물꽃현상(water bloom)이나 부영양화 현상이 거의

산악의 물을 가두어 만든 롱칭샤 댐

보이지 않아 청정 수역으로 여겨진다. 그러나 맑고 깨끗한 계곡의 물이라도 지형적으로 협소해서 한여름에는 수온이 높아지고, 유람선의 운행이 잦으면 불가피하게 수질 오염을 일으킬 것으로 보인다.

## 중국의 자연과 경제 발전

중국은 영토상으로 아열대에서 동토대를 이루는 한대까지, 해수면에 접한 저지대로부터 아시아의 지붕을 이루는 고산지대에 이르기까지, 왕성한 광합성 작용으로 풍부한 생물 생산력을 지닌 지역에서부터 생물이 거의 살지 못하는 사막 지대에 이르기까지, 기후적으로나 위도적으로, 지형의 고저나 강수량의 다과에 따라서 매우 다양한 생태계와 경관을 보여주고 있다. 민족은 한족(漢族)이 94%이지만, 56개의 소수 민족이 살고 있으며, 그중 동북의 헤이룽장(黑龍江) 성, 지린(吉林) 성, 랴오닝(遼寧) 성에는 우리 민족인 조선족이 삶의 터전을 이루고 있다.

중국은 한때 문화혁명이라는 고통의 시기를 겪었고, 덩샤오핑의 개혁개방 정책으로 비약적인 발전을 이루었다. 개방 정책으로 경제가 살아나고, 독재적인 폐쇄사회가 상당히 완화되기는 했지만, 체제상으로는 공산당이 집권하고 있으며, 경제적으로는 사회주의에 기반을 두고 있다. 그러나 15억 명이나 되는 인구 사이에 빈부의 차이가 심하고 자유가 제한되어 있어서 창의력이 부족하다고 평가할 수 있다.

상하이(上海)는 중국을 대표하는 산업 도시이자 경제 도시이며 중국의 부富를 상징하는 곳이기도 하다. 그중에서도 푸둥(浦東) 일대는 경제의 중심 지역이고 고층 빌딩의 전시장이라고 할 만큼 번화하다. 동방명주(東方明珠) 탑은 468m나 되어 세계에서 세 번째로 높은 타워이며, 진마오 빌딩 역시 420m 높이의 83층 건물로 세계 10대 건물의 하나로 꼽힌다. 여기에는 해양 생물과학의 발전을 보여주는 유명한 해양 수족관도 있다.

우리나라 기업 포스코가 지은 '포항상무광장'이란 빌딩도 철로 세워진 유명한 빌딩이다. 이외에도 다양한 금융 빌딩들이 들어서 있으며, 동방예술센터라는 상하이가 자랑하는 예술 센터가 있고, 상징물로는 거대한 해시계 조각품이 있다.

중국 곳곳에 세워진 최신식의 거대한 빌딩들은 중국의 눈부신 경제 발전상과 과학 기술의 발전을 조망하게 한다. 중국에는 베이징(北京), 톈진(天津), 우한(武漢) 그리고 홍콩처럼 대단한 경제력을 지닌 도시가 여러 개 있어 눈부신 발전상을 보여주고 있다.

중국은 다양하고 광활한 국토의 자연환경을 최대한으로 활용하여 관광 산업을 일으켜 외화 획득에 안간힘을 쏟고 있다. 자연 경관이나 관광 명소로 유명한 곳으로 만리장성(萬里長城), 자금성(紫禁城), 롱칭샤(龍慶峽), 쿤밍(昆明), 구이린(桂林), 장자제(張家界), 시후(西湖), 황샨(黃山) 등과 같은 곳이 있는가 하면, 여름철 네이멍구의 평원에 펼쳐진 초원 또한 훌륭한 관광 자원이다. 거기에 지역마다 민족이 다르고 문화가 달라서 그 자체가 좋은 관광 자원 역할을 한다.

그런데 관광객의 대다수가 한국인이다. 어디를 가든 한국인은 중국인에게 주요한 수입원이 되고 있다. 비근한 예로 관광지에서는 어른도 아이도 무슨 수공품 같은 것들을 들고 집요하게 강매한다.

중국의 대도시에는 우리나라 교포들이 많이 거주하고 있을 뿐만 아니라 많은 유학생들이 공부하고 있다. 중국의 각 명문 대학에서는 한국 학생들이 다양한 학문 분야에서 공부하고 있다. 특히 중국어를 배우기 위하여 체류하는 학생도 많다.

반면에 우리는 과학 기술을 기반으로 하여 자동차, TV, 냉장고, 에어컨, 핸드폰 등 많은 공산품을 수출하여 막대한 외화(1천5백억 달러 규모)를 중국으로부터 벌어들이고 있다. 중국은 우리의 주요 무역 대상국인 동시에 인접국으로서 문화적, 정서적으로 아주 친밀한 관계다. 지난 세기까지만 해도 우리와 중국의 과학 기술 격차는 수십 년에 이를 정도로 컸다. 그러나 최근에는 그 격차가 많이 좁혀졌으며, 우리의 발전 속도가 부진해지면서 근소한 차이(1~2년)밖에 나지 않는다는 우려가 제기되고 있다. 이는 우리가 과학 기술을 계속 발전시켜 경쟁력을 키우지 않으면 역전될 위기를 맞을 수 있음을 시사한다.

# 일본의 자연

## 일본의 문화

### 일본의 신사

일본에는 신사가 많다. 일본인에게 신사는 신과 나를 이어주는 곳이고 생활 속 쉼터이기도 하다. 관리가 잘된 곳은 생태 공원으로도 손색이 없다. 신사는 자연지리적으로 명당이라는 좋은 자리에 있다.

일본은 잡신의 왕국이라고 할 만큼 모시는 신들이 많다. 신사에는 일반 신을 모시는 신궁과 천만의 신을 모시는 다자이후 텐만구(太宰府天滿宮)라는 신궁이 있다. 하늘을 뜻하는 天(천) 자 모양의 기둥 문을 지나면 신의 영역, 즉 신의 영토로 들어서게 된다. 신사라

다자이후 텐만구는 일본의 유명한 학자인 스기와라노 미치자네를 모시는 일본에서 가장 유명한 신사다.

고 다 나쁜 것은 아니다. 신사 중에는 전범들이 묻힌 야스쿠니 신사처럼 문제 많은 곳도 있지만, 신사는 어떻든 일본 문화의 일부이다. 다자이후 텐만구 신사는 학문의 신인 스기와라노 미치자네를 모시는 일본에서 가장 유명한 신사다. '天' 자 모양의 문을 여러 개 통과하는 길은 신사를 찾는 내국인과 관광객들로 붐빈다.

스기와라노 미치자네(845~903)는 좌천을 당해 도쿄에서 교토로, 교토에서 다자이후로 옮겼다. 그는 이곳에서 슬픔으로 몸부림치다가 3년 만에 죽고 마는데, 제자들이 그의 시신을 소가 끄는 마차에 싣고 이동하던 중에 마차가 움직이지 않아 그 자리에 묘를 쓰고 텐만구 신사를 세웠다고 한다.

일본 사람들은 텐만구 신사를 대학 입시, 각종 고시, 사업 번창을 기원하는 장소로 알고 있다. 신사에는 매우 오래된 고목들이 즐비하고, 연못에는 빨간 다리들이 있다. '과거의 다리'를 건널 때는 불러도 뒤를 돌아보지 말아야 하며, '현재의 다리'에서는 물에 비친 자신의 모습을 보고, '미래의 다리'에서는 넘어지지 않도록 조심해야 한다.

신사의 마당에는 소 조각상이 있다. 철로 만들어진 우상인데, 아이들이나 학생들이 소의 머리를 만지면 머리가 좋아지고 시험에 합격할 수 있다고 믿는다. 또한, 노인이 만지면 치매에 안 걸린다고 한다. 입시를 앞둔 학생들은 이곳에 와서 소의 머리를 만지곤 한다. 소의 머리가 반질반질하게 윤이 나는 것은 지나는 사람마다 소의 머리를 만지기 때문이다. 초등학교에 입학하는 어린아이들에게 전통 옷을 입혀 손을 잡고 온 부모들도 있고, 교복을 입은 중·고등학생들의 모습도 많이 보인다.

신들을 모셔 놓은 본당에서는 무당인 듯한 여자들이 방울을 들고 주문을 외우며 춤을 추면서 절을 하는 사람들의 앞을 왔다 갔다 한다. 과학 기술이 발달한 일본의 색다른 면을 보는 듯하다.

### 일본의 음식 문화

80년의 전통을 지닌 '유유테이 호텔'이라는 여관에서 제공하는 '가이세키'는 일본 음식 문화의 일례로 보인다. 숙성된 도미, 참치와 연어의 회, 연어와 문어 초밥, 대구 조림, 돼지 삼겹살과 양파 구이, 닭살과 연어 샐러드, 낫토, 버섯이 들어간 돌솥밥, 찐 고구마, 노란 단무지, 당근, 파프리카, 달걀 생선찜 등으로 구성되어 있었다. 후식으로 오렌지, 배 등이 한 쪽씩 나왔다. 이 정식은 탄수화물, 지방, 단백질이 균형 있게 들어 있으며, 특히 생선에서 단백질을 많이 섭취할 수 있다.

일본인은 낫토를 즐겨 먹는다. 낫토는 키나아제 균이 발효시킨 식품으로, 잡균이 없는 순수한 미생물이다. 키나아제 균은 끈적끈적한 점도를 가지고 있어서 긴 실을 만들 수 있다. 이것은 장의 건강과 혈액에도 좋은 영향을 미치며, 장수 식품으로 잘 알려져 있다. 우리나라의 청국장과 일본의 낫토는 위장에 좋은 식품이지만, 청국장은 낫토와 달리 여러 가지 균주로 만들어진다.

일본인은 여러 가지 음식을 조금씩 먹어서 배를 편안하게 하는 소식 문화를 가지고 있다. 짜고 절인 음식을 선호하지만, 매운 것은 잘 못 먹고 단 것을 좋아한다. 19세기에 대만을 정복한 뒤에 사탕수수의 단맛에서 영향을 받았다고 한다. 우리나라에서는 국이 발달한 반면에 일본에는 국물 문화가 거의 없다.

일본은 1968년까지는 초식 위주의 식생활을 하였으나 그 이후로는 등푸른생선을 하루에 한 조각씩 먹는 것이 일반화되었으며, 외국에서 들여온 돈가스와 같은 육식 문화가 비로소 자리 잡게 되었다. 일본인은 음식을 씹는 횟수가 적어서 치아가 약하며, 근친결혼으로 인하여 면역력이 낮고 치아가 못생긴 경우가 많다. 남자의 평균 키는 168cm로 다리는 휘어 있고 피부병으로 아토피를 자주 앓는다. 이런 문제를 해결하기 위해 요즘은 사촌 간의 결혼을 금지하고 있다.

### 일본의 게이샤 문화

일본은 많은 섬들로 이루어진 나라로, 특히 에도 시대에는 전국을 통일하기 위한 많은 전쟁이 있었다. 전쟁의 부산물로 공장들이 생겨났고, 그곳에서 일하는 여성을 화류계라고 불렀다. 하지만 화류계 중에도 문예에 뛰어나고 몸을 팔지 않는 기생들이 있었는데, 그들을 게이샤라고 부르기 시작했다. 게이샤에 관한 이야기 중 하나를 소개하면 다음과 같다.

게이샤 중에서도 황진이와 어깨를 겨룰 만한 오이란이라는 여인이 있었다. 어느 날, 공장에서 일하는 청년이 오이란을 보고 홀딱 반해 사랑에 빠졌다. 그러나 오이란을 만나려면 큰돈을 지불해야 했다. 그는 3년 동안 열심히 일해서 모은 돈으로 오이란을 만났다. 오이란을 만난 청년은 눈물을 흘리며 사랑을 고백했다. 27세의 오이란은 그의 사랑을 받아들이고, 1년 뒤에 화류계에서 은퇴하면 자유로운 몸이 될 테니 그때 결혼하자고 청년에게 말했다. 그리고 1년 뒤에 두 사람은 정식으로 결혼을 한다. 이런 내용을 담은 오이란 쇼는 일본 민속촌에서 공연되고 있다.

## 홋카이도의 자연

홋카이도(北海道) 남부 지방의 자연은 요테이 산의 식물 다양성, 도야 호의 생태계, 쇼와신 산과 노보리베쓰 시의 활화산과 지진 활동 등을 특징으로 한다. 홋카이도의 여름은 강수량과 태양광이 풍부하여 식물이 무성하게 자라지만, 그 기간이 짧아서 식물이 번성하는 데에 한계가 있다. 이 지역은 타이가 기후대에 속하며, 가문비나무나 자작나무 같은 침엽수림이 많이 분포한다. 여름철에는 활엽수들이 녹색으로 물들어 아름답다.

조경용으로는 영산홍, 황철쭉 등의 진달래과 식물과 느티나무, 계수나무, 등나무 등이 자주 보이며, 화훼류와 초본류도 종류가 다양하고 꽃들이 화려하다. 도로변에는 큰 잎의 머위를 많이 심어 놓아 독특한 풍경을 만들어낸다.

홋카이도는 남부는 타이가 기후, 북부는 툰드라 기후를 보인다. 홋카이도의 도화는 해당화이고, 도목은 가문비나무이며, 도조는 두루미이다.

홋카이도의 북부에는 이 섬에서 가장 높은 다이세쓰(大雪) 산(2,290m)이 있고 남부에는 요테이(羊蹄) 산(1,898m)이 있다. 이 산들은 섬의 내륙에 있으며, 요테이산은 여름에도 눈이 녹지 않아 빙하 계곡을 형성한다. 빙하 계곡은 산꼭대기에서 산의 중턱까지 이어지며 아름다운 경관을 연출한다.

여름에도 녹지 않는 눈을 이고 있는 요테이 산.

눈은 이 지역의 기후를 잘 보여준다. 홋카이도의 겨울은 길고 눈이 많아서 설국이라고도 불린다. 강수량이 많고 습도가 높은 이곳은 각종 이끼류가 잘 자라서 냇가의 돌에는 이끼로 뒤덮여 있다. 겨울에는 적설량이 많아서 도로가 눈에 파묻히는데, 이 때문에 도로 표지판을 장대에 달아 적설량을 알려주는 것이 특이한 풍경이다.

홋카이도의 기후는 온난 습윤한 연안 지역과 한랭 습윤한 해안 지역으로 나뉜다. 이곳은 여름과 겨울의 온도 차가 크고, 겨울에는 많은 눈으로 눈사태가 잦아 특별 관리 지역으로 지정되어 있다. 추운 달의 평균 기온은 −8℃이지만, 때로는 −20℃로 떨어지기도 하며, 가장 추운 날에는 −44℃까지 내려가기도 한다. 반면에 가장 더운 날에는 38℃까지 올라가서 연중 최대 온도 편차는 82℃나 된다. 위도가 더 높은 아이슬란드의 수도 레이캬비크의 여름과 겨울의 평균 온도 편차가 10℃인 것과 대조적이다.

홋카이도의 연 강수량은 1천1백mm 정도이다. 3월에서 7월까지는 월 1백mm의 강수량을 보이며, 4월에서 6월은 50mm 정도이다. 나머지 달들은 100mm 이상의 균등한 강수량을 보인다.

**도야 호** : 도야(洞爺) 호는 바다와 가까운 곳에 위치한 상당히 큰 규모의 담수호이다. 이 호수를 배경으로 한 요테이 산의 모습은 아름다운 경관을 보인다. 호수 안에는 초목으로 뒤덮인 세 개의 섬이 있다.

한대 지방임에도 불구하고 이 호수의 물은 맑고 따뜻해서 겨울에도 얼지 않는다. 이 지역은 활화산의 영향으로 토양이 비옥하고 쌀이 잘 자란다. 도야 호는 홋카이도에서 두 번째로 큰 호수로, 둘레가 43km이다. 호수의 주변도 식물이 무성하게 자라고 있다.

도야 호에는 초목으로 뒤덮인 세 개의 섬이 떠 있다.

4장. 아시아의 자연 생태계

**쇼와신 산과 노보리베츠 계곡** : 쇼와신(昭和新) 산은 1943년에 우스(有珠) 산이 화산 활동을 하면서 보리밭이 솟아올라 생긴 화산이다. 이 화산은 지금도 흰 증기를 내뿜는 활화산이며, 주변에는 온천이 흐르고 있다. 화산 아래에는 채굴업자들에 의해 산이 파괴될까 봐 사재를 들여 산을 사고 후손들에게 보존하라고 한 미마스 마사오 우체국장의 동상이 있다.

노보리베츠의 지고쿠다니(지옥계곡)는 여러 차례의 화산 폭발로 생긴 분화구로, 연간 3톤의 온천수가 솟아난다. 수로에는 유황이 쌓여 있고, 유황 가스가 끊임없이 나와서 강한 냄새와 함께 지옥과 비슷한 풍경을 연출한다. 그래서 이곳을 '지옥계곡'이라고 부른다. 이곳에는 재앙을 막아달라는 염원으로 비석을 세운 종교적 흔적들도 있다. 일본에는 많은 물건이 신으로 숭배되고 있어서, 8만여 종류의

쇼화신 산은 1943년의 화산활동으로 생겨났다.

지코쿠다니(지옥계곡)

신을 모시고 사는 나라라고도 불린다.

## 시마네 현의 자연과 문화

일본의 정원에 대해서 다소 언급해 보자면, 시마네(島根) 현에 있는 유시엔 정원은 모란 정원으로서 365일 인위적으로 모란꽃을 피운다. 이곳에 있는 모란의 종류가 250여 종류라고 하는데, 많은 잡종을 만들어내 꽃의 모양도 지나치게 크고, 꽃잎도 많아 치렁치렁하다. 자연적인 아름다움에서 벗어난 꽃은 종이로 만든 조화 같은 느낌을 준다. 이러한 꽃들을 사시사철 볼 수 있는 요인은 여러 가지가 있다. 무엇보다 온천지구로서 지열이 토양의 한랭함을 막아 주며, 짚으로 엮은 막으로 줄기와 잎을 둘러싸서 겨울의 서리와 한기를 막아 주는 재배 양식도 그중 하나다. 이 공원의 주종은 소나무로, 가지런히 전지되어 있지만, 자연미를 찾아보기는 어렵다. 유시엔 정원은 나카우미 호수의 한가운데 위치하는 다이콘시마 섬에 있다. 호수와 바다의 영향권에서 모란의 생태가 적응되었다고 할 수 있다.

아다치(足立) 정원 미술관은 5만 평의 대지에 일본 미술을 다양하게 전시해 놓은 개인 미술관이다. 미술관 정원의 자연환경은 또 하나의 거대한 미술 작품으로 등장한다. 이 미술관은 일본의 정원 평가에서 15년간 1등을 차지했다. 이 정원의 주인은 소나무이며, 배경으로 바위와 물이 조화를 이루고 있다. 그런데 어떤 종류의 소나무든 전지를 통해 조형미를 가꾸어 놓았다.

소나무의 조형미가 아름다운 아다치 정원

일본의 미술은 중국화나 한국화와는 색감이나 붓의 터치, 기품 등에서 차이가 있지만, 동양적인 커다란 흐름에는 맥을 같이하고 있다. 중국의 미술이 다소 무겁고 깊은 멋을 준다면, 일본의 미술품은 색감이 밝고 경쾌한 느낌을 준다. 또한, 우리나라에서는 유명한 소싸움 그림이 있는 반면, 일본에서는 사슴의 싸움으로 뿔이 엉켜있는 것을 그리는 등, 정서적으로 비슷한 면이 있다.

미즈키 시게루 로드는 일본의 유명한 만화가 미즈키 시게루의 이름을 딴 거리로, 800m의 거리 구간에 작은 요괴나 인형 같은 동상 120여 개를 만들어 진열해 놓았다. 이곳의 관광객 유치에 큰 역할을 하고 있는데, 이는 브로츠와프 시의 리넥 광장에 있는 165개의 난쟁이 조각상과 유사한 인상을 준다.

폴란드의 조각상은 독일군에게 점령당했던 시절의 억압된 사회상을 표현하기 위해 거리 곳곳에 숨겨 놓았던 것을 하나하나 찾아보는 흥밋거리를 제공한다. 그러나 미즈키 시게루 거리의 조각상은 일정한 간격으로 배치되어 있으며, 어린이나 청소년들이 스티커 북을 가지고 다니며 근처 상점에서 자기가 찾은 조각상에 해당하는 도장을 받을 수 있다.

시마네 현의 다마츠쿠리의 교쿠센 온천은 1천3백 년의 전통을 지닌 온천 마을로, 이곳에서 온천을 하면 효험이 좋다고 하여 '신의 온천'이라고도 불린다. 이곳에는 주로 온천 호텔이 발달했는데 정원도 잘 꾸며져 있다. 이 호텔의 정원도 전지를 통한 소나무의 조형미를 물과 바위를 배경으로 조화시키고 있다. 그러나 작위적인 면이 두드러져 자연미가 부족해 보인다. 밤에는 정원에 화롯불을 이용한 조명으로 빛의 조화를 연출하고 있다.

## 대마도의 자연 생태

대마도(對馬島)는 지리적, 지형적으로는 물론 문화적, 생활 관습적으로 한반도와 매우 가깝고 밀접한 섬으로, 태생적으로 한반도에 부속되는 섬이지만 강대국의 힘의 논리에 따라 일본의 영토로 편입되어 있다. 문화, 예술, 관습이 한반도와 유사하지만 일본은 영토 분쟁을 의식하여 역사적 사실을 대부분 지워버렸다.

대마도는 한반도의 경상남도 부산과 일본 규슈(九州) 섬의 나가사키(長崎) 현 사이에 위치하는 섬이다. 이 해역에는 대한 해협이 중앙에 자리잡고 있다. 이 섬의 크기는 695.1km²이지만 주변의 부속 섬까지 합하면 708.7km²이다. 이 크기는 제주도의 38%에 해당하며 거제도보다는 2배가 큰 면적이다.

섬의 대부분은 산지로 남북으로는 82km, 동서로는 18km이며, 2017년 기준으로 35,115명이 살고 있다. 아소 만과 만제키 해협(운하)으로 하나의 섬이 양분되는데 북쪽 섬을 북대마 또는 상대마(가미지마)라고 하며, 남쪽 섬을 남대마 또는 하대마(시모지마)라고 한다.

대마도 만제키해협

    한반도와의 최단 거리는 49.5km이고 규수의 하도 곶에서는 82km 떨어져 있으며, 이키 섬에서 대마도까지는 최단 거리가 47.5km이다. 부산에서 대마도를 육안으로 볼 수 있는 거리이다. 부산항에서 히타카츠 항까지는 48마일이며 쾌속 페리 니나(Nina) 호로는 한 시간 반의 운행 거리이다.

    대마도의 에코시스템(ecosystem), 즉 생물상은 산림의 왕국에 가깝다. 하늘 높이 쭉쭉 뻗은 일본 삼나무와 편백나무의 인공 조림이 산간에 울창하며, 이팝나무 군락도 있다. 대나무, 단풍나무, 벚나무, 산목련, 밤나무, 녹나무, 느티나무, 동백나무, 겹동백나무 등 여러 가지 나무들이 밀생하여 성장하고 있다.

    대마도는 89%가 산악지대로 빈틈없이 산림 자원을 육성하여 후대에 물려주는 자산으로 삼고 있다. 거의 모든 산림은 정부의 것으

전망대에서 바라본 아소만

로 허락 없이는 단 한 그루의 나무도 벌목할 수 없으며, 촘촘히 식목하여 세월의 흐름에 따라 거목들이 밀생해 있는 생태계를 이루고 있다. 교목 밑에는 관목 층이 형성되어 있는데 진달래, 철쭉과 같은 것들이 있고, 그 밑에 초본도 무성하게 자라서 층이 현상을 이루고 있다. 기후대가 부산 지역과 거의 유사하여 식생도 비슷하지만, 이곳은 해양성 기후가 한층 강하고 기온이 온화하여 활엽수의 비중이 높다. 초본류는 잎이 비교적 크며 월동을 하는 겨울에도 강추위가 없어서 생존하고 있는 종류가 많다. 야생동물의 번식 환경이 좋아 특히 멧돼지의 개체수가 많다.

## 오키나와 현의 자연

오키나와의 육상에는 녹색의 활엽수와 다양한 야자수가 번성하고 있으며 용수, 계수, 단풍 등의 수목이 보인다. 특히 화려한 야생 난이 많고 여주, 매실 등을 재배하고 있다.

오키나와는 아열대성 해양기후로 1월과 2월이 가장 추운데, 월 평균 기온이 17.2℃와 17.9℃이다. 12월과 3월의 월 평균 기온은 각각 19.0℃와 18.8℃이다. 여름철 가장 더운 달은 7월과 8월로 각각 29.3℃와 29.2℃이다.

그 외 9월은 28.1℃, 5월은 24.3℃, 6월은 26.9℃, 10월은 25.6℃이고 11월은 22.5℃이다. 이는 북반부의 아열대성 기후를 잘 보여주는 기온으로 상하(常夏)의 특징을 잘 나타내고 있다. 이러한 기온은 바닷물의 온도와 잘 상응한다.

오키나와 섬에는 강수량이 상당히 많지만, 면적이 작고 산악이 거의 없어 아주 높은 산이라고 해야 한 곳에 503m의 산이 있는 것이 전부다. 따라서 연못, 호수, 댐 등의 저수 능력이 부족해 농업이 발달하기 어렵지만, 사탕수수를 재배하여 이곳의 주요 산물로 만들었다.

오키나와의 강수량을 살펴보면 2월과 11월의 평균 강수량이 각각 79.8mm와 83.7mm로, 강수량이 가장 적은 건기에 해당한다. 반면 강수량이 가장 많은 6월과 9월의 강수량은 각각 364.2mm

북반부의 아열대성 기후를 보여주는 오키나와.

와 347.9mm로, 이 두 달이 이곳의 우기라고 할 수 있다. 다른 달들은 100~200mm의 강수량을 보인다. 오키나와의 연간 강수량은 2,040mm로 많은 편이며 비가 오는 달도 연중 고루 분포되어 있어서 식물이 자라는 데 제한이 없는 상록의 지역이다.

파인애플 공원은 실제로 파인애플을 생산하는 농장이 아니라, 다양한 아열대 식물과 함께 파인애플을 심어놓은 식물원이다. 카트를 타고 5분 정도 돌며 자라고 있는 식물들을 관찰할 수 있다. 파인애플은 관상용이 주종을 이루며 열대 초본류와 양란이 함께 자란다. 중앙에 통로를 만들어 놓아서 걸어 다니며 식물들을 관찰할 수 있다.

오키나와 월드 케이브파크는 에이매 대학교의 교수와 학생들이 발견한 동굴이다. 규모가 매우 큰 동굴로 5Km나 되지만, 사람이 다니면서 관광할 수 있는 거리는 890m에 불과하다. 동굴 안은 온통 종유석으로 가득 차 있지만, 종류가 다양하지 않아 아기자기한 구경거리는 없다. 오키나와 월드에서는 이 섬의 전통적인 공연을 펼치는데, 단조롭고 북소리만 크며, 흉한 가면을 쓰고 개그를 하는 것이 고작이다. 섬의 풍부한 문화 예술이 결핍되어 있기 때문이라고 할 수 있다.

세나가지마의 우미카지 테라스는 나하 비행장 근처에 있는 섬을 나하 항구와 연결해 조성한 곳으로, 이탈리아의 산토리니를 연상케 하는 하얀 집들을 건축해 카페와 기념품 상점들을 열고 있는 마을이다. 그 앞쪽에는 모래사장이 펼쳐져 있어 이곳을 산책 공원으로 조성하고 있다. 거센 바닷바람을 맞으며 파도 경관을 바라보는 풍미를 즐길 수 있는 곳이다.

# 베트남의 자연

## 베트남의 개요

베트남(Vietnam)은 자연지리적으로 북반구의 남북으로 가늘고 긴 국토와 남중국해의 긴 해안선을 가지고 있다. 이 나라의 남북 길이는 1,600여km이고 해안선의 길이는 3,260여km이다. 위도에 따른 육상과 바다의 생태적 차이가 크며 종의 다양성도 크다. 이는 남반구의 칠레가 남북으로 기다란 해안선을 지닌 것과 유사하다.

베트남의 국토 면적은 약 33만2천km²이고 인구는 2020년 기준 9,872만 명이다. 인구 밀도는 314명/km²이고 국민소득은 3,526달러이다. 수도는 하노이이며 종교는 불교와 가톨릭이지만 불교가 강세이다. 남쪽에는 대도시로 호찌민 시가 있다.

　베트남의 북쪽은 중국과 국경을 맞대고 있으며 크게 보아 사각형에 가까운 지형을 하고 있다. 중부는 거의 벨트와 같은 지형이며 남부 지역은 다소 넓다. 대체로 국토는 동서의 길이가 홀쭉한 지형을 하고 있다. 중부 지방의 국토는 서쪽이 높고, 바다 쪽의 동편이 낮은 편으로 쭈옹손(Truong Son) 산맥은 라오스와 캄보디아와 국경을 이루고 있다. 국토의 3/4은 산악, 고원, 구릉 지대를 이루고 있으며, 열대 강수량이 많아서 무려 2,860여 개나 되는 크고 작은 하천이 있다.

　남부의 메콩 강 유역 면적은 6만km²로 안남 지방에서 생산되는 쌀을 안남미라고 하는데 연중 2~3모작을 한다. 6·25 전쟁 때 우리나라를 기아에서 벗어나게 한 쌀이기도 하다. 북부의 레드 강의 유역 면적은 약 1만5천km²로 베트남 북부의 하노이 시를 이루는 평원이며 곡창 지대이다.

　이 나라의 중요 산물은 쌀이며 천연물로는 천연고무와 석탄이 있다. 그 밖에 베트남의 중요 특산물은 침향, 노니, 고급 커피, 제비집 같은 것이며 열대 과일이 풍부하다. 수공업으로는 자수가 우수하며 제비집은 산업화 된 상품으로 판매된다.

　베트남은 1945년에 프랑스로부터 독립하였으나 서구 열강이 맺은 제네바협정에 따라 북위 17°를 기준으로 남베트남과 북베트남으로 분단되었고, 31년 동안 분단 상태를 유지하다가 1976년 7월 2일에 통일되었다. 통일의 공을 세운 호찌민은 국부가 되었고 남베트남의 수도 사이공은 호찌민 시로 개칭되었다.

월남 전쟁은 남북의 통일 전쟁으로 남쪽은 미국이 주도하는 자유민주주의 국가였고 북쪽은 민족주의를 내세우는 사회주의 국가였다. 지루하고 소모적인 이 전쟁으로 인해 막대한 재산과 인명피해가 발생했다. 우리나라도 미국 진영으로 파병해 5천4백여 명의 장병이 희생되었다.

그 당시 우리나라는 가난하고 빈약한 나라로, 자구책으로 수출에 총력을 다했다. 그야말로 만난을 헤치고 1억 달러 수출을 달성하자 온 나라가 축제였다. 우리나라는 월남 파병의 효과로 획기적인 국력 신장을 가져올 수 있었다. 무엇보다 미국이 월남전에서 사용하던 신식 무기가 우리나라 전선으로 이동하여 무기의 현대화가 이루어지는 계기가 되었다. 경제적으로는 67억 달러를 수출한 효과를 가져왔다고 하는데, 이것이 국가 부흥의 한 초석이 된 셈이다.

## 달랏의 자연

달랏(Da Lat) 시는 아열대 지방이지만 해발 1,472m에 위치한 고산 지역이다. 달랏 시는 호치민 시에서 북쪽으로 308km 지점에 위치하며, 북위 12°N에 인접해 있다. 나트랑 시에서는 서쪽으로 130여 km 거리에 있다. 나트랑에서 달랏으로 가는 산간 육로는 꼬불꼬불하여 아주 불편한 도로일 뿐만 아니라 1천m 이상의 고지가 안개로 지척을 분간하기 어려워 가는 데 서너 시간이나 걸리는 험한 길이다.

베트남의 기후는 남북의 위도에 따라 지역별로 차이가 크다. 남쪽 지방은 열대 기후로 강수량이 많고, 북쪽은 여름철인 5월에서 10월까지 평균 기온이 24~33°C이며, 우기로 비가 많이 내려 고온다습하다. 겨울철은 11월에서 4월까지 평균기온이 16~23°C이며 건조하다. 때로는 10°C 이하로 내려가는 경우도 있다. 그러나 달랏은 고산 기후로 일 년 내내 선선한 기온을 유지하고 있어 사람들이 휴양지로 찾고 있다.

달랏 시의 고유한 자연 경관과 생태적 면모, 식물상을 소개하면 다음과 같다.

달랏은 1912년부터 유럽인을 위한 휴양도시로 프랑스가 개발하였다. 쑤언후엉 호수는 도심 중앙에 위치한 인공호수로, 마치 운하처럼 길게 뻗어 있다. 이 호수의 주변으로 프랑스풍의 건축물이 듬성듬성 서 있다. 호반의 도로는 깨끗하고 가로등은 형형색색의 다양한 모양을 하고 있어서 밤에는 새로운 정취를 풍긴다. 또한, 가로등 사이에는 열대 식물인 천사의나팔꽃이 무성하게 자라 화려한 꽃을 피우고 있다.

**랑비앙 산** : 달랏에 있는 랑비앙 산은 해발 2,167m의 높은 산으로, 2015년 유네스코 세계 생물권 보존지역으로 지정되었다. 해발 2천m 의 등산길은 트래킹 코스로 개발되었다. 랑비앙 산의 전망대(1,950m) 까지 지프 차로 10여 분을 올라가면, 산중 공원이 잘 조성되어 있다. 달랏 시내를 한눈에 볼 수 있으며 아름다운 펜션도 여러 개 있다.

랑비앙 산에는 단순한 리기다소나무의 생태 군락이 형성되어 있다. 밀생한 소나무는 햇볕을 받기 위하여 하늘 높이 자란다. 이곳은 완전한 소나무 군락지이다. 소나무 밑에는 다른 식물이 거의 자라지 않는데, 소나무 군락에서도 관목 층이 전혀 없으며 지표면에 초본대만 형성되어 있다.

이곳의 식물상으로 목본은 향나무, 편백나무, 아프리카튤립나무, 노랑능소화, 커피나무, 침향나무, 병솔나무, 소철, 부겐베리아, 야자, 대추야자 등이며, 초본으로는 수국, 아프리카봉선화, 국화, 풍접초, 안스리움 등이 있다. 농산물로는 계피, 생강, 후추, 두리안, 망고, 파파야, 망고스틴, 딸기 등이 있으며, 그 밖에 여러 가지 과일과 화훼류가 자란다. 달랏의 농업은 고산 기후로 거의 대부분 비닐하우스에서 재배되고 있다. 따라서 일년 내내 채소, 딸기, 꽃들이 풍부하게 생산된다.

이 산에 얽힌 전설이 있다. 옛날에 그랑이라는 총각과 흡이양이라는 처녀가 이 산에서 나물을 캐다가 서로 사랑하게 되었다. 두 사람은 서로 원수지간인 다른 부족의 자녀였다. 결혼 허락을 받을 수

랑비앙 산에서 바라본 달랏

가 없었던 두 사람은 가출하여 이 산에서 초근목피하면서 아름답게 사랑하며 살았으나, 흡이양이 몹시 아파 그랑이 마을로 내려간 사이 흡이양의 부족에게 살해되는 비극을 맞는다. 흡이양은 한없이 슬펐고, 너무 많은 눈물을 흘려 이 산에서 시작되는 강물이 되었다고 한다. 랑비앙 산 공원에는 이들 남녀를 기리는 아치형 기념상이 세워져 있어 관광객들은 그 사이에서 기념사진을 찍는다.

**죽림선원** : 소나무의 연리지를 볼 수 있는 이곳은 리기다소나무의 생태군락지이기도 하다. 케이블카를 타고 산 사이의 계곡을 지나가면 리기다소나무의 단일종이 계곡을 점유하고 있다. 이 골짜기에 세

죽림선원은 1997년에 건설된 불교 선원이다.

워진 죽림선원은 일본식과 베트남식이 혼합된 건물 양식으로, 남녀 각각 50명씩 백 명의 승려들이 수련하고 있는데 여자 부처님이 정좌하고 있는 법당의 분위기가 색다르다. 법당 안은 정갈하고 우아하게 단장되어 있으며, 신도들의 불심이 돈독하다. 별채에서는 스님들이 점심 공양을 하는데, 분위기가 좋다.

**다딴라 폭포** : '신의 폭포'라고 불리는 이 폭포는 냐짱 강 상류에 위치한다. 레일 바이크를 타고 경사를 따라 물줄기가 쏟아지는 계곡에 도착하면, 산 위로부터 흘러 떨어지는 두 개의 폭포가 마지막 부분에서 합쳐진다. 폭포의 수량은 많지 않고 낙폭도 높지 않지만 사

람의 발길이 거의 닿지 않아 자연 그대로의 모습이다. 흰 포말을 날리며 떨어지는 물줄기는 생동감이 있고 비말을 맞으며 걸을 수 있다.

**바오다이 별장** : 바오다이(1913~1997)는 베트남의 마지막 황제로 그의 여름 휴양지인 별장이 달랏에 있다. 화려하지 않은 작은 궁으로 꽃과 수목이 잘 정돈되어

다딴라 폭포

베트남의 마지막 황제였던 바오다이의 별장

있고, 기후 변화가 크지 않아 편안하게 휴식을 취할 수 있는 곳이다. 하지만 바오다이는 나라를 지키지 못하고 프랑스에 점령당했으며, 국민의 배척을 받아 프랑스로 망명했으니 나약한 군주가 아닐 수 없다. 이곳은 베트남 전쟁 때도 손상 없이 보전되었다.

**린푸억 사원** : 1942년 시공하여 1952년에 완성한 고딕 양식의 불교 사원이다. 사원은 상당히 크며 기둥마다 한문으로 된 축원문이 적혀 있는 것이 색다르다. 베트남은 한문을 거의 쓰지 않지만, 예로서 '福生富貴家庭盛(복생부귀가정성: 복록이 생겨 부귀영화가 가정에 가득하고, 마당에는 번창하는 기운이 넘친다)'과 같은 축원문들이 기둥마다 붙어 있다. 기둥도 많고 한문의 글귀도 아주 다양한데, 이런 것을 보면 베트남은 중국의 영향을 많이 받은 것이 분명하다. 한편, 사원의 지하에는 지옥을 재현해 놓았는데, 어두운 조명에 험상궂은 사천왕상을 비롯하여 무서운 사자들의 상들을 늘어놓았다. 음산하고 유쾌하지 못한 지하 환경에 어울리는 지옥이다.

**달랏 기차역** : 달랏 기차역은 1946년에 처음으로 개통되어 운행되었던 산악 열차의 역으로, 달랏 시의 발전에 큰 역할을 했다. 지금은 오직 추억의 장소로만 남아 있으며, 몇 량의 객차와 궤도만이 전시되어 있다. 흘러간 역사의 한 흔적으로 이곳을 찾는 관광객들의 포토존이다.

**위즐 커피** : 베트남의 특산품 중 하나로, 족제비의 배설물에서 나오는 원두를 가공하여 만든 커피를 위즐 커피라고 한다. 이 농장의 주변은 모두 커피나무의 생산지로 많은 양의 커피가 나무에 달려 있다. 이 커피 열매를 족제비가 먹는 데서부터 위즐 커피의 생산이 시작되는데, 족제비는 생 커피 열매의 과육만을 산화시키고 씨앗을 배설하는데, 이것이 바로 위즐 커피의 원료가 된다. 이 커피를 음미해 보면 네 가지 맛으로 달고 쓰고 시고 짠 맛을 느낄 수 있다.

**침향** : 침향은 열대의 아퀼라리아 (Aquilaria) 나무가 상처를 입었을 때 치유하기 위하여 분비되는 액이 박테리아, 벌레 또는 여러 종류의 병균들과 접촉하면서 만들어지는 치유 흔적 물질이다. 식물이 상처를 입으면 자기 치유를 위해 분비된 수액이 수 년 또는 수십 년 동안 응결되어 남아 있는데 이것이 침향이다.

침향 박물관에서는 침향에 대한 다양한 정보를 제공한다. 먼저, 침향의 향기를 맡아보고 침향차를 마시면서 침향을 직접 경험할 수 있다. 박물관 내부에서는 침향 묘목을 대대적으로 재배하는 모습과, 연도 별로 수피에 상처를 내어 침향을 채취하고 가공하는 과정을 전시하고 있다.

침향나무의 학명은 'Aquilaria agallocha Roxburgh'로, 중국 남부, 인도네시아, 태국, 캄보디아, 라오스, 베트남 등의 열대 우림 지역에서 자생한다. 키는 6~20m 정도이며, 매우 오랜 시간 동안 성장한다.

침향나무의 목질에는 벤젠 아세톤, 피-메토실 벤젠 아세톤 등의 성분이 포함되어 있는데, 이들은 결핵균을 억제하는 효능이 있다. 침향은 채취하여 건강보조식품으로도 개발하는데 신비로운 향기와 치료 효과로 매우 귀중한 약재로 사용되어 왔다. 자연산 침향은 400g에 6억 원에 이를 정도로 매우 비싸다고 한다.

전설에 따르면 야생의 호랑이가 상처를 입으면 침향나무 아래서 휴식을 취하며 치유한다고 전해진다. 이처럼 침향은 베트남 문화와 역사에서도 큰 의미를 지니고 있다.

캄보디아에서는 오래된 뽕나무에서 나는 상황버섯이 영험하다고 건강 보조식품으로 개발하고 있으며, 러시아의 자작나무 숲에서는 나무의 암 조직과도 같은 차가버섯이 효험있다고 채취하여 상품화하고 있다. 자연 항생제인 피톤치드가 분비되는 소나무 아래서 산림욕을 즐기는 것처럼 나라와 지역마다 이런 특수한 건강 보조식품을 개발하고 있다.

# 말레이시아 코타키나발루의 자연

지구상에서 가장 큰 섬은 그린란드이며, 그 면적은 2,175,600km²이다. 다음은 뉴기니 섬으로 786,000km²이다. 보르네오 섬은 세 번째로 744,400km²인데 남한 면적의 7배 반에 해당한다.

보르네오 섬은 적도의 한가운데 위치한 열대 강우림 지역으로 다양한 생태계를 이루고 있다. 이 섬의 최북단에 위치한 말레이시아의 사바 주州에 있는 코타키나발루 시를 중심으로 한 자연 생태계는 다음과 같다.

첫째, 해안은 태평양의 가장자리에 위치하여 적도 해양 생태계를 이루고 있다. 이 지역은 산호초 해역으로 유명하며 다양한 해양 생물이 서식하고 있다.

둘째, 동남아에서 가장 높은 4,101m의 키나발루 산은 열대 강우림 생태계를 이루고 있다.

셋째, 클리아스 강의 하구 지역은 저지대에 위치하며 많은 강수량으로 인해 풍부한 양의 담수와 바닷물이 만나 기수역 생태계를 이루고 있다.

넷째, 바닷물이 들고나는 조간대에는 맹그로브의 자연 생태계를 이루고 있다.

## 키나발루 산의 자연 생태

키나발루 산은 동남아시아에서 제일 높은 산이며 열대 우림 지역으로 말레이시아의 국립공원이자 자연 보존 지역이다. 1964년에 국립공원으로 지정되었으며, 그 면적은 754km$^2$이다.

산의 전반적인 형태를 보면 저지대 열대 우림(lowland forest)이 왕성하게 자라서 숲을 이루고 있다. 산의 고도에 따라 산악숲, 구름숲, 아고산대 목초지(subalpine meadow)가 이루어져 있으며 열대 지역이지만 산의 고저에 따라 온도 차가 심하고 식생의 종류가 다르다. 키나발루 국립공원의 관리소에서 30~40분 등산을 하면 이 산의 열대 원시림을 자연스럽게 관찰할 수 있다. 숲은 자연 그대로의 교목, 관목, 초본 등이 어우러져 있다. 우선, 교목이 크게 자라고 있으나 군락을 이루지는 않는다. 이 교목 밑에는 여러 관목과 덩굴식물이 번성하고 있다. 키나발루 산의 전체가 푸르름을 간직하고 있는 것은 열대 지역인 데다가 하루에 한 번씩 내리는 소낙비(스콜)로 수목이 번창하며 산의 고저에 관계 없이 식생이 가능하기 때문이다.

원시림의 나무 밑에는 많은 낙엽이 쌓여서 아주 비옥한 토양을 이루고 있다. 풍부한 강수량과 적도의 태양 광선은 나무들을 자라기에 좋은 환경을 제공한다. 그러나 교목 둥치에는 이끼나 난초류가 기생하여 교목의 생장과 연륜에 영향을 미친다.

이곳에서는 교목의 둥치에 다양한 난초류를 접목하여 관상용으로 기르고 있다. 그러나 이렇게 되면 천연림의 특성을 훼손할 수 있고 기생식물의 번식으로 교목이 고사할 수 있다.

스카이 포레스트 워킹

보르네오 섬에는 167종의 난초류가 자생하고 있으며, 호텔 조경수목에도 난초류를 접목하여 기르기도 한다. 그러나 이는 자연 그대로의 생태계를 보존하는 것과는 거리가 멀다.

키나발루 국립공원에서는 스카이 포레스트 워킹(sky forest walking)이라는 프로그램을 운영하고 있다. 이는 숲 위에 구름다리를 놓아 등산로로 연결하는 것으로, 출렁이는 다리를 건너며 스릴을 느낄 수 있지만, 교목이 막중한 자일의 스트레스에 시달리고 있어 자연스럽지 않다.

산의 정상 부분은 누워있는 사람의 얼굴 모습을 닮았다. 지리적으로 이 산은 바다와 인접해 해양의 날씨 변화에 민감하다. 수시로 변하는 구름의 출몰로 산기슭부터 정상까지 전면적으로 또는 부분

구름에 둘러싸인 키나발루 산

적으로 가려지기도 하며, 구름의 색깔에 따라 산의 모습이 달라지기도 한다. 검은 먹장구름과 흰 뭉게구름에 의해서 완전히 다른 산의 모습을 볼 수 있으며, 산 중턱의 허리까지만 흰 구름이 깔려 있는 모습은 마치 신부의 흰 웨딩드레스가 쭉 펼쳐져 있는 느낌을 준다.

## 클리아스 강의 자연 생태

클리아스 강(Klias Wetland River)의 줄기는 해변을 사이에 두고 평행으로 흐르며, 바다와 만나 기수 생태계를 형성한다. 이 지역은 풍부한 강수량으로 강물의 양이 많고 저지대를 이루고 있어 여러 개의 강물이 서로 만나거나 바다로 유입된다.

클리아스 강은 오랜 세월 퇴적물이 쌓여 수심이 대단히 낮은 하상을 이루고 있으며, 작은 유람선도 강바닥에 닿아서 움직이지 못하는 경우가 있다. 많은 기수생물들이 서식하고 있으며 다양한 생물들이 풍요롭게 생태계를 이루고 있다. 담수성 생물과 해양 생물이 섞여 생존하는 기수 생태계로 갯벌에서 자생하는 짱뚱어나 망둥어도 볼 수 있다.

한편, 저지대의 강변에 형성된 맹그로브 숲(mangrove trees)은 대단히 울창하여 경관이 좋다. 거의 같은 종류의 나무로 이루어진 숲처럼 보이지만 무려 60여 종이나 되는 다양한 나무들이 서식하는

클리아스 강변의 생태

생태계이다.

 지구 생태학적으로 보르네오 섬은 아마존 강 다음으로 많은 산소를 생산하며 지구 생태계의 균형을 맞추는 역할을 담당하고 있다.

 이 숲에는 특이하게도 코주부 원숭이(Proboscis Monky)가 서식한다. 이 원숭이는 지구상 유일하게 이곳에서만 발견되는 종으로, 코가 크고 빨간 색을 띠며, 1년에 두 마리 정도의 새끼를 낳는다. 수컷은 어린 새끼 수놈을 경쟁자로 생각하고 죽이는 경우가 있으며, 1년 내내 발기가 되어 있는 것이 특징이다. 개체수의 증가는 이루어 지지 않고 있으며, 강안의 배에서 관찰할 수 있지만 실제로 가까이에서 관찰하기는 쉽지 않다.

## 코타키나발루의 반딧불이

맹그로브 지대인 클리아스 강 양쪽 연안에는 일몰 후 밤이 되면 반딧불이(개똥벌레)의 왕국으로 변한다. 맹그로브 숲속의 수많은 나무는 반딧불이의 서식처로, 어떤 나무에는 반딧불이가 전혀 서식하지 않지만 어떤 나무에서는 마치 크리스마스 트리의 꼬마전등처럼 많은 반딧불이가 반짝인다.

반딧불이의 발광 원인은 생물학적으로 아직 명확하게 규명되어 있지 않지만, 환경 요인으로 습도, 온도, 빛의 조도, 소리, 공기의 청결도 등의 영향을 받는 것으로 알려져 있다. 개똥벌레가 대량으로 서식하는 나무 앞에서 사람들이 함성을 지르거나, 플래시를 켰다 껐다 반복하면 발광 현상도 이에 반응하여 규칙적으로 나타나는 것을 볼 수 있다.

청정지역에서만 서식하는 개똥벌레는 알에서 깨어난 애벌레 단계에서 청록색의 빛을 발한다. 이곳에는 많은 종류의 곤충이 대량 서식하고 있으며, 특히 모기의 서식이 왕성하므로 방문 시에는 주의가 필요다.

코타키나발루의 반딧불이 서식지는 뉴질랜드의 와이토모 동굴의 반딧불이 규모와 비견할 만하다. 동굴의 천정에 서식하는 개똥벌레는 반딧불 자체만으로도 신비함을 느끼게 한다. 버나드 쇼는 이곳을 세계 8대 불가사의 중 하나로 꼽았다. 반면 코타키나발루의 반딧불이는 열린 공간에서 자연 현상으로 나타나므로 더욱 생명의 신비함을 나타내고 있다.

## 코타키나발루의 일몰

일몰은 지구의 어디에서나 쉽게 볼 수 있는 자연 현상이지만, 코타키나발루에서 보는 일몰은 열대 지방의 태양, 구름, 수평선, 해안, 모래사장 등이 어우러지면서 특별한 아름다움을 선사한다.

광활한 해안의 모래사장에서 관찰되는 일몰은 다양한 구름, 수시

코타키나발루의 일몰

로 변하는 파도와 어우러져 더욱 인상적이다. 남지나 해의 먼바다로 뻗어 있는 바다와 넓은 해안, 모래사장 등과 함께 펼쳐지는 일몰은 화려한 장관을 이룬다.

이곳의 일몰은 하늘에서 작열하다가 지는 태양이 천변만화하는 구름의 모양과 색깔에 섞여서 찬란한 빛을 발하며, 수평선에서 보이는 일몰은 바다의 수심과 반사되는 빛의 각도에 따라 석양의 경관을 완성한다. 이처럼 코타키나발루의 일몰은 자연환경에 따라 하늘과 빛이 어우러져 만들어내는 향연으로, 세계 3대 일몰 경관 중의 하나로 꼽히며 사람들에게 사랑받고 있다.

# 인도네시아, 발리 섬의 바다와 자연

## 인도네시아의 자연

인도네시아는 13,700여 개의 섬으로 이루어진 섬나라로, 수마트라, 보르네오, 술라웨시, 자와의 면적이 무려 150만km²에 이르며, 전체면적은 192만km²로 남한 면적의 19배나 되는 거대한 국토를 가지고 있다.

인도네시아는 말레이시아, 싱가포르, 필리핀, 파푸아뉴기니, 호주와 국경을 맞대고 있으며, 실제로는 인도양과 태평양을 가르는 완충지대 역할을 한다. 이 해역의 많은 섬들 사이에는 각기 다른 바다 이름이 있다. 특히 인도네시아의 영토인 뉴기니는 아시아에 속하고, 다른 반쪽은 파푸아뉴기니로 오세아니아에 속한다. 인위적으로 자연지리를 나누어서 벌어진 현상이다.

인도네시아의 국토 대부분은 적도 바로 아래 위치하지만, 수마트라 섬, 보르네오 섬, 술라웨시 섬의 북쪽 부분과 일부분의 작은 섬들은 북반구에 속한다. 이 나라의 자연지리적 특성은 첫째 섬나라이고, 둘째 적도에 위치하며, 셋째로는 열대 해양 속의 강우림 지역이라는 것이다.

이 거대한 도서 국가에는 3백여 종족이 살고 있다. 공용어는 인도네시아어지만 언어가 250여 개나 된다. 자연지리적, 인종적, 언어적 여건으로 보아 통치하기에 참으로 복잡한 나라임에 틀림없다. 그럼에도 불구하고 뜨거운 열대의 태양 아래 분쟁이나 갈등의 요인들을 문화적인 융합으로 녹이며 거대한 하나의 국가를 이루고 있다.

### 발리의 식생과 활화산

열대 지방에서는 색채가 아주 진하고 잎이 무성하며 꽃이 화려한 양란, 그리고 열대산 열매와 과일나무들을 흔히 볼 수 있다.

발리 섬에서 흔한 식물로는 코코넛, 트래블러팜, 코코드메르, 슈가팜, 닙파팜, 사고팜, 론타팜, 탈리폿팜, 베텔넛팜, 오일팜 등의 야자수가 있다

열대의 과일나무로는 위에서 언급한 야자 외에도 잭프루트, 브레

발리 섬의 해안

드프루트, 두리안, 코코아, 바나나 등이다. 이곳에서 흔한 자생식물로는 고무나무, 대나무, 생강나무, 무궁화 등을 볼 수 있다.

열대 꽃으로는 연꽃, 식충식물, 천사의나팔꽃 등이 흔히 보이며, 이밖에도 골베 아마란스(Golbe Amaranth), 스파이더 릴리(Spider Lily), 프란지파니(Frangipani), 마다가스카르 페리윙클(Padagascar Periwinkle), 세셀피니아(Peacock Flower), 포인세티아(Poinsettia), 헬리코니아(Heliconia), 바다무궁화(Sea Hibiscus), 무궁화(Hibiscus), 부겐빌레아(Bougainvillea), 수련(Water Lily), 벳릴리(Bet Lily), 재스민(Jasmine), 난초(Orchis), 반다(Vanda Orchid), 타이거오키드(Tiger Orchid) 등의 꽃이 있다.

최남단 베노아 항의 안쪽은 갯벌을 이루고 있으며, 열대 홍수림(mangrove trees)이 무성하게 숲을 이루고 있다. 이 숲은 외관상으로는 보르네오 섬 등의 다른 곳의 것과 유사하게 보인다.

발리 섬은 인도네시아의 수도가 있는 자와 섬에 근접한 부속 섬으로, 면적은 5,633km²이고 섬의 길이는 153km이며 폭은 112km이다. 이 섬의 가장 높은 산은 북동부에 위치한 아궁 산으로 해발 3,146m이며, 활화산으로 1963년과 2017년에 대폭발을 일으켰다. 인도네시아는 활화산이 130여 개나 되는 화산의 나라다.

# 튀르키예의 자연

## 튀르키예의 기후와 자연

튀르키예는 기후적으로 혹독한 추위가 없으며 겨울에도 잔디류가 자생하고, 사철나무를 비롯한 상록수도 많이 보인다. 이곳은 온화한 지중해성 기후로 오렌지와 올리브 과수원이 있으며, 목화, 옥수수, 포도, 체리, 석류, 복숭아, 살구, 무화과 등의 수목과 해송, 플라타너스, 포플러, 유도화, 유칼립투스, 야자수 등으로 생태계를 이루고 있다. 그 저변에는 초원이 형성되어 있고 갈대류의 자생도 보인다.

올리브 나무는 튀르키예에서 중요한 작물 중 하나로, 지중해 쪽으로 향할수록 넓은 땅에 심겨 있다. 코니아(Konya) 지방은 밀 생산의 중심지로서 '튀르키예의 빵 공장'이라는 별명을 가지고 있다.

**이스탄불** : 이스탄불은 서울 면적의 1.5배이고 인구는 약 1천5백만 명으로 부유하고 아름다운 도시이다. 이스탄불과 보스포루스 해협은 유럽과 아시아를 잇는 중요한 접경지대로, 역사적으로 정치, 문화, 경제적으로 중요한 역할을 해 왔다. 이스탄불은 과거 비잔티움, 콘스탄티노플로 불렸으며, 보스포루스 해협은 이 도시를 유럽과 아시아로 나누며 흐른다.

보스포루스 해협은 길이가 32.7km이고 폭은 660m~4.7km로 이스탄불의 기온과 기후에 큰 영향을 미친다.

이 해협의 한쪽 끝은 마르마라 해, 다르다넬스 해협, 에게 해, 지중 해로 연결되며, 다른 한쪽은 직접 흑해와 연결된다. 이 해협의 저

아시아와 유럽을 잇는 관문, 보스포루스 해협

층류는 흑해에서 에게 해로 나가고 상층류는 에게 해에서 흑해로 들어간다. 보스포루스 해협의 양안은 교통과 문화의 중심을 이루고 있으며 흑해 쪽으로는 고급 주택가들이 있다.

**카파도키아** : 카파도키아는 '아름다운 고장'이라는 의미의 지명으로, 백만 년 전의 화산 폭발과 그 후 여러 번의 홍수, 오랜 세월의 풍화 작용으로 모래, 자갈, 사암, 암벽으로 이루어진 척박하고 황량한 준 사막 지대이다.

로마가 기독교인을 탄압하자 이곳으로 피신하여 예배를 드리기 위하여 지하 도시를 형성한 성지로 남아 있다. 이들은 열악한 환경 속에서도 돌산을 의지하여 지하에 미로처럼 끝없이 파고 들어가 예배를 드리고 피난 생활을 했다.

카파도키아에는 괴레메(Göreme), 위르귀프(Urgüp), 네브셰히르(Nevsehir), 그리고 소아시아의 7대 교회가 있었던 악사라이(Aksaray)가 위치해 있다. 괴레메 마을에는 괴레메의 교회, 박물관, 사과 교회, 뱀 교회 등이 있으며, 이곳은 초대 교회의 박해 현장을 그대로 보여주고 있다.

원뿔 모양의 사암으로 된 화산 지역이 모두 기독교인의 은거지였다. 네브셰히르 지역에 있는 데린쿠유는 '깊은 우물'이라는 뜻으로, 무려 지하 55m나 되는 땅속에서 기독교인들이 박해를 피해 숨어 지낸 일종의 지하 도시이다. 이곳에서 기독교인이 5만여 명 정도 생

카파도키아의 지형

활했다고 한다.

 이 지하 도시에는 데린쿠유를 요소요소에 파고 연결하면서 사람과 가축이 함께 생존할 수 있는 공간을 만들었다. 지하 8층에는 광장을 만들어 교회를 지었으며, 로마 병사들을 피해 250년 동안 이곳에서 생활했다. 이렇게 여러 세기에 걸쳐 지하 도시를 확장하여 생활했는데, 환기시설을 매우 잘 구축한 덕분이었다. 이 지하 우물은 물건의 출입 통로로만 사용되었다.

 **파묵칼레** : 에게 해에서 지중해로 가는 내해의 갈림길에 위치하며, 실크로드의 무역로이기도 하다. 이곳은 약 18km에 걸쳐 석회가 하얗게 펼쳐져 있어, 마치 흰 목화가 깔린 듯한 독특한 자연환경으로

(화이트 코튼 캐슬) 세계적으로 주목받고 있다.

이곳의 온천지대는 성서에도 나오는 유명한 곳으로, 자연산 안약이 있었고, 자연산 45℃의 온천물에 물고기가 살고 있다. 물고기는 피부병 환자의 피부를 진단하고 치료하며 각질을 탈피시키는 기능을 한다.

히에라폴리스에는 로마 시대의 거대한 원형극장과 귀족들이 찾아와서 고질병을 치료하면서 거주하던 유적지가 남아 있다. 이 온천지역에는 알렉산드라 도서관, 팔라만 도서관, 셀축 도서관 등 세 개의 커다란 도서관이 있었고, 그 앞에는 창녀촌이 있었다. 파피루스로 책을 만들었으나, 조달이 어려워지자 양피지로 대체하여 개발하였다.

파묵칼레식 석회층 지형

이곳은 신혼여행지로 인기가 높다. 첫날밤에는 하얀 시트를 깔아주는데, 자고 나면 그 시트에 첫날밤의 혈흔을 밖에 내걸어 결혼 신고를 하는 관습이 있다.

히에라폴리스 유적지의 온천 지대에서는 온천물에 족욕을 할 수 있는데, 온천물에는 석회조와 파란색의 녹조 또는 남조류가 수로 바닥과 수로 옆에 깔려 서식하고 있다. 수온은 37~38℃로 온천조의 서식이 두드러져 보인다.

## 케말 아타튀르크 대통령과 튀르키예 사람

1910년에 그리스와 튀르키예 간의 싸움이 있었고, 1913년에 그리스는 패전했다. 제1차 세계대전 때 튀르키예는 독일과 연합하여 처음에는 승승장구했으나 결과적으로 패전하면서 패전국이 되었다. 1919년 연합군에 참전하여 승리한 그리스군이 튀르키예를 점령하였으나, 케말 아타튀르크는 흑해에 있는 삼순 항에서 1919년 5월 19일 독립운동을 시작하여 앙카라에 임시정부를 수립했다. 그는 사형선고까지 받았지만, 옛 튀르키예 땅을 모두 되찾고 1923년 그리스와 조약을 체결하여 튀르키예의 영토를 확장했다. 이 조약으로 튀르키예는 섬을 하나만 소유하고 모든 섬을 그리스에 내주는 대신 유럽 쪽의 땅 3만km², 즉 영토의 약 3%에 해당하는 땅을 차지하게 되었다.

이 조약을 체결한 초대 대통령 케말 아타튀르크는 튀르키예에서 최고의 영웅으로 추앙받아, 곳곳에 동상이 건립되고 지폐에 그의 사진이 들어가 있다. 그가 유럽의 이스탄불 지역을 확보한 공로는 튀르키예가 EU에 가입할 자격을 얻는 데에 큰 역할을 했다.

튀르키예 사람들은 바다보다 육지를 중요하게 생각해 수산물을 많이 먹지 않는다. 그래서 바다를 양보하고 이스탄불을 포함한 유럽 지역을 확보한 것을 아주 잘한 일로 여긴다. 그 결과, 튀르키예는 넓은 국토와 다양한 자연환경을 갖게 되었다.

한편, 케말 아타튀르크는 독립운동 시절 쿠르드족과 손을 잡고 협력하여 승리를 거두었지만, 정작 독립한 뒤에는 쿠르드족을 억압하고 분산시켜 독립을 방해했다. 그 결과로 200만 명이 넘는 쿠르드족이 여전히 차별과 범죄에 시달리고 있다.

이슬람교에서는 라마단 금식을 중요하게 여기며, 축제 기간이 끝나면 설탕 축제를 열어 금식으로 쇠약해진 체력을 보충한다. 희생절(쿠르반 바이람)에는 기르는 양의 1/3이 도축될 만큼 양고기를 많이 먹으며 축제를 즐긴다.

튀르키예 사람들은 코란을 믿으며 일부다처제를 허용하지만, 일반적으로는 일부일처제를 따른다.

사막 지역에서는 낙타가 중요한 교통수단이자 재산으로 여겨지며, 집이나 부인보다 더 중요하게 여기기도 한다. '터키탕'이라는 용어는 일본에서 유래한 것으로, 실제 튀르키예와는 관련이 없다. 이 말은 일본의 도루코 탕에서 전래했으며, 실제로 튀르키예에는 없는 문화이다.

## 튀르키예의 개요

튀르키예의 면적은 779,452km²이고 인구는 약 8천4백만 명이다. 국토의 일부인 3만km² 정도가 유럽에 속해 있어 EU에 가입하고 있다. 수도는 앙카라이며, 언어는 터키어와 쿠르드어를 사용한다. 종교는 대부분 이슬람교를 믿는다.

튀르키예는 유럽과 아시아를 연결하는 다리 역할을 하는 나라로, 두 대륙의 지정학적 권리를 누리고 있다. 지중해와 흑해로 둘러싸인 소아시아의 반도에 위치해 있으며, 삼면이 바다로 둘러싸여 있다. 국경을 맞댄 나라로는 그리스, 불가리아, 시리아, 이란, 이라크 등이 있다.

1950년 한국전에 1만5천 명을 참전시켜서 760명의 전사자가 발생했다 이러한 참전의 대가로 1952년에 NATO에 가입했다. 튀르키예 정부는 참전용사에게 3개월에 300달러의 연금을 지급하고 있다.

이스탄불에는 수많은 사원과 유적지가 있다. 대표적인 유적지로는 오벨리스크, 블루모스크, 성 소피아 성당 등이 있다. 성 소피아

성당은 AD 530년경에 건축되었으며 유네스코 세계 문화유산에 등재되어 있는 세계 7대 불가사의 중 하나다. 높이는 61m이며 사원 내부는 기독교 사원으로 지어졌으나 이슬람교도가 점령하면서 이슬람 사원으로 변질되었다. 그러나 기독교와 이슬람교가 공존하는 색다른 문화 유적지라고 할 수 있겠다.

**아나톨리아 반도** : 아나톨리아 반도는 역사와 문화의 보고로, 히에라폴리스 지역에는 고대 유적지가 남아 있다. 지진으로 인해 대부분 파괴되었지만, 남아 있는 건물의 기둥과 조각들은 여전히 위용을 뽐내고 있다. 이곳에서 볼 수 있는 무덤으로는 사각형의 석관 무덤과 봉분 모양의 무덤이 있다. 그 수가 약 1만1천 개에 이르며 그 규

히에라폴리스 원형극장

모도 놀랄 만큼 크다. 옛날 이곳 도시에는 귀족이나 부자들이 모여 살았다. 히에라폴리스 지역의 원형극장은 2만5천 명을 수용할 수 있는 규모로, 폐허가 되었지만 매년 유명한 음악회가 열리고 있다.

**에덴동산** : 튀르키예는 성경과 관련된 많은 유적지를 가지고 있다. 아라라트 산(5,319m)에는 노아의 방주가 묻혀 있다고 전해진다. 또한, 유프라테스 강, 티그리스 강이 네 갈래의 강으로 흐르는 이곳으로부터 에덴동산이 시작된다고 믿기도 한다. 카파토키아는 햇살이 좋고 바람도 많으며 포도나무가 많은 아주 비옥한 지역이라서 에덴동산의 전설이 전해지는 것 같다. 성서의 누가와 마태는 유배 생활로 고된 시련의 일생을 살다가 순교했다고 하는데, AD115~117년 사이에 편안하게 영면했다는 이들의 묘도 여기에 있다고 전해진다.

# 러시아의 자연

러시아는 17,075,000km²의 면적을 가진 지구상에서 가장 커다란 국가로, 유럽으로부터 아시아의 전역을 가로지르며 다양한 경관을 자랑한다. 대부분의 국토는 북위 50° 위쪽의 한대 지방과 동토대로 이루어져 있으며, 사람의 발길이 닿지 않은 자연 그대로의 모습을 간직하고 있다.

인구는 1억4천5백만 명이고, 인구 밀도는 8.3/km²명으로 인구 밀도가 매우 낮은 편이다. 슬라브족이 대다수를 차지하며, 언어는 러시아어를 사용한다.

러시아의 수도인 모스크바는 세계에서 네 번째로 큰 대도시로, 면적은 2,511km²이며 인구는 1천2백만 명 정도이다. 모스크바의 기후는 겨울철에는 일조량이 적고, 추위로 인해 위축된 생활이 불가피하며 사회 활동도 제한되는 경향이 있다.

　모스크바의 겨울철 기온은 12월의 평균 최저 기온이 −8.6℃이고, 가장 추운 1월은 −12.3℃이며, 2월에도 −11.1℃로 추운 편이다. 3월과 11월에도 기온이 매우 낮아 1년의 절반 정도가 영하권에 머문다. 강수량은 여름철인 6월에 75mm, 7월에 94mm, 8월에는 77mm로 비교적 많은 편이며, 겨울철에는 강수량이 적설량으로 바뀌어 때로는 폭설이 내리기도 한다.

　시베리아의 평원은 한대 수림대를 이루고 있으며, 주요 수목은 자작나무와 침엽수림으로 전나무와 소나무가 우점종이다. 비교적 덜 추운 광활한 평원에서는 밀을 비롯한 농산물이 대량으로 경작된다.

　지구상에서 가장 추운 곳은 남극 대륙으로 −94.7℃의 기록을 가지고 있는데, 러시아의 오이먀콘은 이에 못지 않게 추워 1926년 1월 26일에는 −71.2℃를 기록한 바 있다. 오이먀콘의 겨울철 평균 기온은 −40℃이고 여름철의 평균기온은 14℃이다. 베르호얀스크 지역은 1892년 2월에 −69.8℃를 기록한 바 있다. 이곳의 겨울철 평균 기온은 −45.9℃이고 여름철의 평균 기온은 15.9℃이다.

　바이칼 호수는 시베리아 평원의 한가운데 있으며, 지구상의 민물을 20%나 차지하고 있다. 호수의 면적은 31,500km$^2$이고 최대수심은 1,637m이며 평균 수심은 730m이다. 수량은 2만3천km$^3$로 남북한의 면적을 1백m 수심으로 침수시킬 수 있는 수량이다.

　이곳에 서식하는 생물의 종류는 매우 다양하며, 생물 다양성이

오고이 섬 근처 바이칼 호의 투명한 얼음

크다는 것은 널리 알려져 있다. 바이칼 호수 주변에는 3천5백여 종의 생물이 생육하고 있으며, 호수 안에는 2천6백여 종의 생물이 서식하고 있다. 물개는 10만 개체가 서식하고 있는 것으로 알려져 있다(김,2016).

바이칼 호수의 중심 도시는 이르쿠츠크이며, 인구는 여름철의 유동인구 5만여 명까지 합치면 약 70만 명 가량 되는 대도시이다.

북극해의 대부분을 차지하는 나라는 러시아이다. 북극해는 세계 4대 해양으로 면적은 950만km²이고 최대 수심은 5,440m이며 평균 수심은 1,330m이다. 한대성 어류와 고래의 서식처일 뿐만 아니라 냉수성 어족 자원의 근원지를 이루고 있다. 이 해역은 빙하로 덮여 있어서 해상 통로가 막혀 있었으나 최근에는 지구의 온난화 현상으로 빙하가 녹아서 선박이 왕래한다. 특히 화물선의 항로 개척은 시간 단축과 경비 절감의 막대한 경제성을 지니고 있다.

흑해는 러시아의 국토 중에서 가장 낮은 위도에 있으며, 러시아가 유일하게 지니는 부동항의 기지가 바로 이곳이다. 자연환경이 뛰어나 휴양지로 인기가 높을 뿐만 아니라 러시아의 가장 강력한 해군기지를 구축하고 있다. 흑해의 면적은 42만km$^2$이고 최대 수심은 2,210m이다. 이 바다는 고대 테티스 해의 분지로서 내륙에 함몰되어 있다. 흑해는 튀르키예의 보스포루스 해협으로 마르마라 해와 연결되어 있으며, 마르마라 해의 다른 한쪽은 다르다넬스 해협을 통하여 에게 해 즉 지중해와 소통하고 있다.

# 5장

## 북미의 자연 생태계

# 로키 산맥의 자연

## 로키 산맥의 개요

로키 산맥은 북미 대륙의 거의 남과 북에 이르도록 장대한 산맥으로, 그 길이는 무려 4천8백여km나 된다. 이것은 북미 대륙의 남북에 이르는 길이로, 알래스카의 맥킨리 산맥 근처에서 시작되어 미국 남부의 뉴멕시코에 이르기까지 대륙의 동서를 양분하면서 뻗어 있다.

캐나다 안에 있는 로키 산맥의 웅장한 산들은 경관 지역을 이루고 있으며, 미국의 로키 산맥이 뻗어 있는 산자락에는 옐로스톤, 윈드 동굴공원, 로키산 공원(4,345m), 그랜드캐니언, 브라이스캐니언 등과 같이 세계적인 자연 경관이 펼쳐지고 있어서 많은 사람들이 찾는 관광지로서 오랜 지구 역사의 단면을 보여주고 있다.

　캐나다의 로키 산맥은 자연 경관으로서 가장 빼어난 아름다움을 자랑한다. 로키 산맥의 산악, 호수, 폭포, 설원, 빙하 등의 아름다운 자연 속에서 수시로 일어나는 바람, 천변만화하는 구름, 찬란한 햇빛, 티 없이 맑고 높은 푸른 하늘, 나무의 바다를 이루고 있는 자연림, 있는 그대로의 천혜의 자연 등은 모든 사람에게 감동을 주고 힐링의 원천이 된다.

　캐나다의 로키 산맥은 브리티시컬럼비아(British Columbia) 주와 앨버타(Alberta) 주를 가르고 있는데 그 길이는 무려 1,450여km나 된다. 캐나다에서 가장 높은 롭슨 산(Robson)은 3,954m의 고도를 가지는 브리티시컬럼비아의 주립 공원이다.

　로키 산맥은 히말라야 산맥이나 안데스 산맥, 알프스 산맥처럼 고산의 높이를 지니지는 못했다. 하지만 생성 연한으로 따져 본다면 로키 산맥이 6천만 년 전, 히말라야 산맥이 5천만 년 전, 알프스 산맥이 4천만 년 전에 생성되어 로키 산맥이 가장 오랜 나이를 지닌 산맥이다.

　지구상에 가장 높은 산은 히말라야 산맥의 에베레스트 산으로 8,848m이며 아프리카의 킬리만자로는 5,895m이다. 또, 유럽의 알프스 산은 4,808m이며 인도네시아의 자야 산은 5,030m인데 호주의 블루마운틴은 2,230m에 불과하다. 남미의 안데스 산맥 중에 아콩카과 산은 6,960m로 아르헨티나에 위치하며 북미의 맥킨리 산은 6,194m이다. 남극의 빈슨매시프는 4,897m로 세계적인 고산의 산봉우리를 이루고 있다. 이러한 고산준령에 비교한다면 로키 산맥은 상당히 낮은 편이라고 할 수 있다.

캐나다는 로키 산맥의 산악군을 여러 개의 국립공원으로 설정하여 관리하며 많은 관광객을 유치하고 있다. 대표적인 공원으로는 재스퍼 국립공원(Jasper National Park), 밴프 국립공원(Bannff National Park), 요호 국립공원(Yoho National Park), 빙하 국립공원(Glacier National Park), 마운트 레블스토크 국립공원(Mount Revelstoke National Park), 쿠트니 국립공원(Kootenay National Park), 워터턴 레이크스 국립공원(Waterton Lakes National Park) 등으로 나뉘어 있다.

캐나다 로키 산맥에는 아름다운 경관뿐 아니라 호수가 많아서 풍부한 물의 자연을 이루고 있다. 북쪽으로는 북극해와 접하고 있어 수많은 빙하와 빙하 호수가 있다. 서쪽으로는 태평양을, 동쪽으로는 대서양을 접하고 있어 국토의 삼면이 대양을 만나고 있다. 남쪽으로는 오대호와 접하며 미국과 국경을 이루고 있다.

로키 산맥의 고산들은 수많은 골짜기를 가지고 있는데, 여기에도 많은 빙하들이 설원을 이루고 있다. 해빙의 계절에는 빙하의 밑에 그림 같이 아름다운 크고 작은 호수들이 다양한 수색을 펼친다. 이러한 방대한 자연환경 속에 캐나다가 지닌 호수의 수효는 무려 이백만 개나 된다고 하니 과연 물 천지의 환경이라고 할 수 있다.

북극해와 접하고 있는 바다에는 수많은 대소의 섬들이 산재해 있고, 모두 한대 지방의 빙하로 뒤덮여 있어 빙하마다 만들어내는 호수의 숫자도 많다. 동시에 방대한 길이의 해안선과 섬들도 뛰어난 자연 경관이라 하겠다.

캐나다의 면적은 9,985,000km²으로 러시아의 17,098,000km² 다음으로 광대한 면적을 지닌 나라다. 그에 비해 인구는 3,357만 명에 불과해 인구 밀도가 낮다. 이는 국토 대부분이 한대 지방의 불모지를 이루고 있기 때문이다.

캐나다는 열 개의 주와 세 개의 준주로 행정구역이 이루어져 있다. 특히 프랑스계 주민이 많은 대서양 쪽의 퀘벡 주는 분리 독립을 주장하기도 하였으나 국민투표에서 근소한 차이로 부결되어 하나의 주로 계속 남게 되었다. 헌법상으로 분리 독립을 위헌으로 규정하는 한편 공용어를 영어와 불어로 병행하여 사용하기로 했다.

## 재스퍼 국립공원과 컬럼비아 아이스필드

재스퍼 국립공원(Jasper National Park)은 앨버타 주에 위치하고 있으며, 재스퍼라는 말은 옥이라는 뜻이다. 캐나다의 동서횡단 고속도로(Trans-Canada Highway)가 건설되던 1907년부터 국립공원이 조성되기 시작했다. 이 공원의 면적은 11,228km²이지만 재스퍼 산림자

롭슨 산(3,954m)은 캐나다에서 가장 높은 산이다.

원지대(Jasper Forest Reserve)로 무려 12,950km²를 추가해서 설정해 놓았다. 이는 우리나라 남한 면적의 거의 1/4에 해당하는 방대한 면적이다.

재스퍼 국립공원은 캐나다 로키 산맥의 중심이 되는 공원으로 유네스코 세계 자연유산으로 등재되어 있다. 이곳에는 빙하, 호수, 폭포, 강물 그리고 원시림의 침엽수림대가 끝없이 펼쳐진다. 대표적인 명소로는 애서배스카(Athabasca) 폭포와 컬럼비아 빙원(Columbia Icefield)이 있다.

애서배스카 폭포는 낙차가 매우 크고 아름다운 폭포로 유명하며, 컬럼비아 빙원은 서울시 면적보다 1.5배나 되는 거대한 빙원이다. 양쪽에 커다란 산들을 거느리고 넓고 먼 거리에 병풍처럼 펼쳐져 있는 빙원의 환경은 침엽수림대로 되어 있고 그 앞으로는 강물이 흐르고 있다. 따라서 전체적인 경관은 거대한 자연으로서 장엄하고 아름답다.

지구의 약 10%를 빙하가 점유하고 있으나 지구의 온난화 현상으로 매년 그 면적이 줄어드는 등 문제가 발생하고 있다.

캐나다 로키 산맥의 빙하는 부분적으로 트래킹이 가능하다. 그러나 빙하 내부에는 눈으로 덮여 있는 절벽이나 단층, 얼음언덕이 있어서 좋은 장비를 착용하더라도 위험이 따르고 조난 사고도 드물지 않게 발생한다.

따라서 빙하 위를 다니는 설상차를 타고 빙하의 한가운데에 들어갈 수 있다. 빙하의 자연을 관찰할 수 있고, 빙하가 녹아서 얼음 위에 조금씩 흐르는 물길도 볼 수 있다. 이러한 조그마한 물길이 모여서 호수를 이루고 강물의 발원지가 되는 것이다.

재스퍼 국립공원의 중앙부에는 해발 1,063m의 재스퍼 마을이 있다. 주민은 불과 4,745명에 불과하며, 국립공원의 보존과 관리를 위하여 신축을 제한하고 있다. 캐나다 로키 산맥의 국립공원을 찾는 관광객은 1년에 1천만 명이 넘는다고 한다. 이 마을은 작지만 깨끗하고 부유한 산중 마을을 형성하고 있다. 이곳에는 온천도 있고 여러 가지 레저 스포츠를 즐길 수 있는 환경이 조성되어 있다.

재스퍼 국립공원의 절벽 사이로 흐르는 빙하 물.

## 밴프 국립공원과 루이스 호수

밴프 국립공원(Bannff National Park)은 엘버타 주에 위치하고 있지만 브리티시컬럼비아 주의 경계선을 따라 국립공원이 조성되어 있으며 로키 산맥의 중심이 되는 경관 지역이다. 이 공원은 1885년에 시작된 가장 오래된 국립공원으로 초창기에는 유황온천이 발견되어 캐나다 대륙의 횡단도로를 개설하는 노동자들의 치료 목적으로 26km²가 공원으로 개발되었으나 현재는 6,641km²의 면적을 지닌 방대한 국립공원을 이루고 있다.

이 공원에는 빙하, 호수, 폭포, 원시림 등 다양한 풍경이 펼쳐져 있다. 아이스필드 파크웨이의 북쪽으로부터 남쪽으로 이동하면 브라이들 베일 폭포(Bridal Veil Falls), 바우 호수(Bow Lake), 바우 강(Bow River), 크로풋 빙하(Crowfoot Glacier), 페이토 호수(Peyto Lake), 루이스 호수(Lake Louise), 밴프(Banff) 마을, 캔모어(Canmore) 마을 등을 만날 수 있다.

밴프 마을은 해발 1,383m에 위치한 관광지로, 주민 수는 7천 7백여 명이다. 마을이 매우 깨끗하고 부유하며, 다양한 관광 서비스를 제공한다.

재스퍼 국립공원과 밴프 국립공원의 중간을 가로지르는 아이스필드 파크웨이는 약 3백km의 길이로, 로키 산맥의 자연을 즐길 수 있는 최고의 드라이브 코스이다. 산악과 빙하, 호수와 강물, 수목과 들판이 어우러져 아름다운 풍경을 자아낸다. 빙하를 이고 있는 산들은 원경에서도 아름다움을 자랑하며, 그 앞으로 흐르는 강물과 호수는 절경을 이룬다.

**페이토 호수(Peyto lake)** : 아이스필드 파크웨이에 인접한 페이토 호수는 규모는 크지 않지만, 그림처럼 아름다운 독특한 호수이다. 이 호수의 물은 진녹색으로 비취색도 섞여 있어 마치 물감을 풀어 놓은 듯하다. 모양은 장방형 형태의 기다란 빙하호로, 침엽수림으로 둘러싸여 있다. 호수의 배경으로는 거대한 산이 병풍처럼 자리잡고 있으며, 호수와 접하는 산자락에는 나무로 울창하게 둘러싸여 있으나 산의 중턱부터는 주상절리의 암벽 층이 산을 이루고 있다. 따라서 산의 저변을 제외하고는 절대 불모지를 이루는데, 산봉우리에는

아이스필드 파크웨이에 인접한 테이토 호수의 정경

눈이 부분부분 박혀 있다.

**루이스 호수**(Lake Louise) : 캐나다 로키에서 그림처럼 아름다운 호수의 하나로, 해발 1,750m의 고도에 위치하며, 호수의 길이는 2km, 폭은 5백m 정도이고 면적은 80헥타르이다. 이 호수는 앨버타 주의 밴프 국립공원(Bannff National Park)에 위치하고 있으며, 세계 10대 절경에 속하는 캐나다 로키의 대표적인 경관 지역이다.

이 호수는 1882년, 가이드이자 여행용품점을 운영하던 톰 윌슨이라는 백인이 처음으로 답사하면서 세상에 알려지게 되었다.

이 호수는 청정한 날씨에 옥색, 에메랄드색, 비취색의 물색을 띠고 있다. 호수 주변의 산 일부는 원시림으로, 일부는 암석으로 이루어져 있다. 그리고 멀리 보이는 산들에는 빙하와 흰 구름이 어우러져 아름다운 풍경을 만들고 있다. 이런 절경은 호수나 빙하의 크기

해발 1,750미터 높이에 위치한 루이스 호수.

가 아니라 자연환경의 완벽한 조화에서 나오는 것이다. 호수를 따라 3~4km 정도의 길은 트래킹하기 좋은 장소이다. .

**레이크 루이스 마을(Lake Louise Village)** : 해발 1,536m에 있는 작은 마을로 주민 수는 1천2백 명 정도에 불과하다. 겨울에는 스키를 탈 수 있고, 눈이 없는 계절에는 곤돌라를 타고 전망대로 올라갈 수 있다. 곤돌라에서는 상록수림과 빙하, 눈 덮인 산줄기 등 로키 산맥의 멋진 모습을 조망할 수 있다.

## 브리티시컬럼비아 주의 국립공원들

브리티시콜럼비아 주에는 요호 국립공원, 빙하 국립공원, 레벨스토크 국립공원, 쿠트니 국립공원 등 작지만 독특한 국립공원들이 있다.

**요호 국립공원(Yoho National Park)** : 요호는 그리스어로 '경이로움'이라는 뜻이다. 이 공원은 1,313km²의 면적을 가지고 있으며, 유네스코 세계 문화유산에 등재되어 있다. 이 공원에서 가장 유명한 곳은 에메랄드 호수로 트래킹, 낚시, 카누, 스키, 사이클링 등 다양한 레저 스포츠를 즐길 수 있다.

다양한 레저 스포츠를 즐길 수 있는 요호 국립공원

**빙하 국립공원**(Glacier National Park) : 빙하 국립공원은 캐나다 대륙 횡단도로(Trans-Canada Highway)가 가로지르는 곳에 위치하고 있다. 이 공원은 1,345km²의 면적을 가지고 있으며, 로키 산맥과 컬럼비아 산 사이에 4백여 개의 빙하가 있는 빙원 지대이다. 이 공원은 태평양의 습한 공기와 산의 영향으로 많은 비와 눈을 받아 강우림, 아고산대림, 고산대림, 툰드라 지대 등 다양한 식생을 가지고 있다.

**마운트 레벨스토크 국립공원**(Mount Revelstoke National Park) : 레벨스토크 국립공원은 히말라야시다가 자라는 원시림으로 유명하다. 이 공원은 북위 53°에 있으며, 북미 대륙 서쪽에 히말리야시다가 분포하는, 생태학적으로 중요한 곳이다.

이 공원에는 쓰리밸리샤토 호텔Three Valley Chateau Hotel이 있는데, 이 호텔은 로키 산맥의 외진 산중에 자리 잡고 있다. 이 호텔은 전력이 부족해 다른 계절에는 문을 닫고 여름에만 영업을 한다. 자연환경과 어우러진 독특한 분위기를 자랑하는 호텔이다.

**쿠트니 국립공원(Kootenay National Park)** : 쿠트니 국립공원은 요호 국립공원 남쪽에 이어지는 1,406km² 면적의 공원이다. 1920년에 밴프-윈드미어 파크웨이(Banff-Windermere Parkway)가 이 공원을 관통함에 따라 매우 아름다운 자연 경관을 즐길 수 있게 되었다. 레이디엄 핫스프링스(Radium Hot Springs)는 레이디엄 온천 마을에 있는 온천 시설로 많은 사람들이 방문한다. 40°C의 온천수와 29°C의 수영장이 있으며, 온천물은 무취이지만 광석의 냄새가 약간 난다.

### 로키 산맥의 수목과 야생화

캐나다의 로키 산맥에는 산의 고도에 따라 4개의 생태계로 구분할 수 있다.
1. 산의 저변부과 중턱에 위치한 생체량이 풍부한 숲 또는 강수량이 많이 조성된 강수림대.
2. 산 중턱의 아고산 지대에 형성된 생체량이 적은 숲.

위의 두 종류의 숲은 종의 구성이나 형태가 서로 다르다. 이는 고도 차이가 기온 차이로 이어져 각각 다른 수목이 자라기 때문이다. 즉, 내한성의 적응도가 다른 숲이다.

3. 고산지대의 툰드라 지역으로 고산성 초본류만 자생하는 식물대.
4. 산의 정상 부위가 눈으로 덮여 있거나 빙하를 끼고 있으며, 바람이 많고 기온이 낮으며 토양이 거의 없는 절대 불모지.

로키 산맥의 생태계는 다양한 식물의 종이 자생하고 있지만, 열대 또는 아열대의 상록수림대처럼 광합성이 활발하여 생체량을 증가시키는 생태계와는 달리 강수림대, 아고산대, 고산대 식생으로 구분된다.

로키 산맥에 자생하는 야생 동물로는 사슴, 순록, 큰뿔양, 산염소, 고라니, 무스, 갈색곰과 흑색곰이 있다. 또한, 살쾡이, 스라소니, 솔담비, 아메리카담비, 수달, 날다람쥐, 흰담비 등과 같은 희귀동물도 있으며, 토끼, 비버, 붉은다람쥐, 땅다람쥐, 북미산 작은다람쥐 등도 서식한다.

캐나다의 로키 산맥은 다양한 수목과 야생화가 자라는 곳으로 유명하다. 이곳은 지구의 위도상으로 비슷한 몽골, 러시아, 북구의 자연 생태와도 유사한 식생 경관을 보인다.

로키 산맥의 생태계에서는 침엽수림이 대표적이다. 침엽수림은 단순한 한두 종류(population)로 이루어진 것 같지만, 실제로는 다양한 종류의 침엽수가 자생하고 있다. 이들은 국부적으로 서로 우열을 경쟁하기도 한다.

대표적인 침엽수로는 소나무와 잣나무(Pinus), 전나무(Aabies), 향나무(Juniper), 히말라야시다(Red-cedar, Yellow-cedar) 등이 광대한 면적에서 나무의 바다처럼 수해를 이루고 있다. 이곳의 나무숲은 외형적으로 다양성이 결여된 숲으로 보이지만 다양한 생물종이 서식하고 있다. 침엽수의 종은 다음과 같다.

소나무(Pinus)로는 *Pinus Ponderosa*(폰데로사소나무), *P. contorta*(로지폴소나무), *P. albicaulis*(화이트비소나무), *P. flexillis*(엽편송), *P. monticola*(몬티콜라소나무)가 있으며, 잣나무(Picea)로는 *Picea glauca*(로니카가문비), *P. engelmannii*(엥겔만잣나무), *P. pungens*(푸른가문비나무)가 있고, 전나무(Abies)로는 *Abies lasiocarpa*(라시오카르파전나무), *A. concolor*(흰색전나무)가 있다. 그 밖에도 여러 침엽수가 있는데, *Thuja plicata*(서양측백나무), *Tsuga heterophylla*(화백나무), *Pseudotsuga menziesii*(개솔송나무), *Larix occidentalis*(서부낙엽송), *Taxus brevifolia*(주목나무), *Juniperus scopulorum*(스코폴로름향나무) 등이다.

로키산맥에는 다양한 활엽수도 자생하고 있지만 한대 지역이기 때문에 한파와 강설 등 환경 조건이 제한적이며, 이런 환경에서 살아남기 위해서는 월동의 내구성이 필요하다. 흔히 보이는 나무는 알래스카포플러(Poplar), 버드나무(Salix), 벚나무(Prunus), 단풍나무

로키 산맥의 침엽수림

(Maple), 참나무(Oak) 등이 있다. 그러나 이들은 로키 산맥에서 상록 침엽수와 경쟁하여 우점종으로 자리잡지 못하고 있다.

포플러(Poplar)로는 *Populus tremulaides*(북미사시나무), *P. balsamifera*(발삼포플러), *P. trichocarpa*(검은미루나무)가 있고 오리나무(Alder)로는 *Alnus tenuifalia*(회색오리나무), 자작나무(Birch)로는 *Betula papyrifera*(종이자작나무), 아가위나무(Hawthorn)로는 *Crataegus spp.*(산사나무), 참나무(Oak)로는 *Quercus gambelii*(감벨참나무), 단풍나무(Maple)로는 *Acer glabrum*(글라브룸단풍) 등이 있다.

또한 이곳에서는 수많은 관목류가 자생하고 있다. 그중에는 향나무(Common Juniper)도 있고, 여러 종류의 장과류(Berry)가 자생하고 있는 것이 특징이라 하겠다. 무엇보다도 블루베리(Blueberry)를 비롯한 많은 장과류의 자생지로 이름이 나 있다.

종류를 보면 Black Twinberry: *Lonicera involucrata*(인볼루크라타괴불나무), Red Elderberry: *Sambucus racemosa*(딱총나무), Common Chokecherry: *Prunus virginiana*(초크체리), Red and White Baneberry: *Actaea rubra*(루브라노루삼), Blueberry: *Vaccinium spp.*(블루베리), Thimbleberry: *Rubus parviflorus*(팀블베리), Serviceberry: *Amelanchier spp.*(서양까치밥나무), Wild Strawberry: *Fragaria spp.*(야생딸기), Buncheberry: *Cornus canadensis*(번치베리), Wild Red Raspberry: *Rubus idaeus*(산딸기속), Buffaloberry: *Shepherdia canadensis*(버펄로베리속), Silverberry: *Elaeagnus commutata*(아메리칸실버베리), Snowberry: *Symphoricarpos albus*(스노우베리) 등이다. 이러한 블루베리나 초크베리는 현재 우리나라에서 대량으로 생산되는 것과 맥을 같이 하고 있다.

또 다른 중요한 관목으로는 Common Juniper: *Juniperus communis*(향나무), Falsebox: *Paxistima myrsinites*(헛개나무), Pin Cherry: *Prunus pensylvanica*(양벚나무), Scouler Willow: *Salix scoulerana*(산버드나무) 등이 있다.

로키산맥에는 다양한 초본류가 자란다. 그러나 겨울이 길고 봄가을이 짧기 때문에 대부분의 초본류는 여름 한 철을 중심으로 생활

사가 이루어진다. 초본류 중에는 민들레, 질경이, 제비꽃 등을 쉽게 볼 수 있다. 이들은 외관상으로 색깔의 구별이 쉬운데, 분홍색, 빨간색, 청색, 보라색, 흰 꽃과 노란 꽃들이 넓은 지역에 종의 성격에 따라 분포되어 있다.

캐나다 로키 산맥에서 조사된 비관속식물로는 우산이끼 53종, 솔이끼 243종, 지의식물 407종이며, 유관속식물은 996종으로 보고되었다. 이는 로키 산맥이 다양한 식물상(flora)을 가지고 있음을 보여준다(Canadian Rockies, 2012).

# 옐로스톤 국립공원의 자연

## 옐로스톤의 지리적 성격

옐로스톤 국립공원(Yellowstone National Park)은 1872년 미국 의회에서 세계 최초의 국립공원으로 지정했다. 이 공원은 북아메리카의 로키 산맥 중앙부에 위치하며, 위도상으로는 북위 45°에 가까워 한대 지방에 속하며 고원 지대에 자리잡고 있다. 이로 인해 공원 내에는 한대 수림 생태계의 침엽수림대가 형성되어 있다. 또한 북미 대륙의 내륙에 위치하여 바다와는 거의 닿지 않는 지역이다.

옐로스톤은 지리적으로 보면 아시아의 시베리아 벌판이나 유럽의 알프스 지대와 거의 같은 위도에 위치한다. 따라서 이곳은 한대 지역인 시베리아와 기후적으로도 비슷한 성격을 지니고 있다. 하지만 활발한 화산 활동과 분화로 인해 지열을 지니고 있는 점이 특징이다. 옐로스톤 국립공원은 약 8,983km$^2$(220만 에이커)의 거대한 면적을 자랑한다. 이는 우리나라 충청남도의 면적(8,204km$^2$)과 비슷한 규모이다. 공원 내에는 3천m(1만 피트)가 넘는 고산 봉우리가 45개 있으며, 그중 가장 높은 곳은 이글 봉(Eagle Peak)으로 3,462m(11,358피트)이다. 또한 정상까지 길이 개통된 와시번 산(Mount Washburn)은 해발 3,122m이다.

공원 면적의 96%는 와이오밍 주에 속하며 3%는 몬태나 주, 그리고 아이다호 주에는 1%가 속해 있다. 공원 면적의 5%는 강과 호수가 차지하고 있다.

공원 내에는 8백km가 넘는 도로와 1,600km가 넘는 오솔길이 있다. 공원은 고원 지대에 위치하며, 고원의 평균 높이는 2,400m이고, 형태는 대략 정방형이다. 공원의 가장자리 사면 고도는 2,700m에서 3,400m이다.

가장 낮은 곳은 리스 천(Reese Creek)으로서 1,610m(5,282 피트)이다. 이 국립공원은 계절마다 야생화로 대초원을 이루며, 도로 외에는 발길이 닿지 않아 인위적인 손길이 닿지 않는 자연 그대로의 모습을 간직하고 있다.

## 옐로스톤의 분화와 생명의 기원

지구의 직경은 12,756km이며, 반경은 대략 6,400km 정도이다. 지구의 지각과 핵 사이에 있는 중간층을 맨틀(mantle)이라고 하며, 두께는 지표면에서 2,900km까지의 깊이를 지닌다.

반면, 옐로스톤의 지각과 맨틀의 사이는 매우 얇아서 60여km에 불과하다. 이는 지구상에서 가장 얇은 층으로, 화산의 분출과 대형 분화의 위험성이 매우 높은 것으로 알려져 있다.

옐로스톤 국립공원에서는 뜨거운 마그마의 수증기가 간헐적으로 하늘 높이 뿜어져 나오는 곳을 볼 수 있다. 크고 작은 분화 웅덩이에서는 마그마의 활동으로 가스의 분출이 일어나며, 고인 물은 부글

옐로스톤의 온천

부글 끓고 있다. 이러한 지하수의 분출로 인해 온천의 수가 무려 1만여 개에 이른다.

옐로스톤의 높이는 2,805m이며, 지사학적 나이는 210만~7만 년으로 추정된다. 최종 분화는 기원전 1350년에 있었다.

유명한 주요 칼데라(Caldera)는 용벨리 칼데라, 와이오타프 칼데라, 라가리타 칼데라, 옐로스톤 칼데라 등이 있다. 그중에서도 옐로스톤 칼데라는 초대형 화산(슈퍼 볼캐노)으로, 일본의 아소산 칼데라보다 훨씬 커서 그 크기가 10km가 넘는다.

옐로스톤 서남쪽의 올드페이스풀(Old Faithful)에서는 90분마다 한 번씩 높이 50m까지 치솟는 간헐천이 있다. 이는 국립공원에서 가장 큰 규모의 간헐천으로, 이 분화 현상을 보려고 많은 관광객이 모여든다.

공원의 서쪽 중앙에 위치한 메디슨(Madison) 지역에서는 마치 분화 박람회장처럼 다양한 분화구에서 분화가 진행된다. 이곳은 기온이 낮고 비바람이 몰아치며 구름이 수시로 변해 기기묘묘한 자연 경관을 연출한다. 하루에도 춘하추동의 일기 변화를 볼 수 있다.

분화구에서 흘러나오는 용암 속의 수증기와 물은 이미 형성된 용암석 위로 흐르며, 오랜 세월에 걸쳐 바위 색깔에 변화를 가져왔다. 용암석 위에 흐르는 물속에는 유황 성분이 들어 있고 바위 표면에는 황색이 배어 있다. 이로 인해 옐로스톤(Yellowstone)이라는 이름이 지어진 것이다.

지구상에는 다양한 지역에서 화산 활동이 일어나고 있다. 그중 두드러진 것들을 살펴보면, 아이슬란드에서는 광범위한 지역에서 화산 활동과 간헐천이 활발하게 나타난다. 일본의 북규슈에 위치한 아소산은 대규모의 분화구로서 세계적인 온천 지대를 이루고 있다. 일본에서 가장 유명한 벳푸 온천을 비롯하여 유후인 온천도 여기에 있다.

코스타리카의 이라스 산(3,432m)은 최근(1961년)에도 화산 폭발로 인하여 재앙이 발생한 곳이다.

뉴질랜드의 로토루아 지역에서도 다양한 분화 현상과 간헐천을 볼 수 있으며, 이곳 역시 온천 지대로 유명하다. 인도네시아의 발리에서는 2017년 11월에 화산 대폭발을 비롯하여 최근까지도 화산 폭발이 이어지고 있다.

백두산의 천지와 튀르키예의 파묵칼레는 매우 명성 있는 분화구다. 지금은 휴식기에 있다고는 하지만, 언제 어떻게 폭발할런지 예측불허라는 것이 전문가들의 의견이다.

옐로스톤의 화산지대는 지구상에서 지각과 맨틀 사이가 가장 가까워 용암(마그마) 활동이 활발하며, 수많은 분화구가 모여 있어 대소의 분화 현장을 직접 볼 수 있다.

이곳은 지구의 생성, 변천 과정을 보여주며, 뜨거운 용암으로부터 물이 생성되었던 원시 지구의 모습을 재현한다. 태초에 이러한 분화로 용출되는 물속에는 여러 가지 원소들이 내재되어 있었고, 분자 활동이 활발해지면서 화학 결합이 일어나 유기 물질이 생성되었다. 이렇게 생성된 코아세르베이트(Coacervate)가 바로 생명 탄생의 전단계인 것이다. 이러한 코아세르베이트가 오랜 세월 동안 여러 가지 아미노산의 결합을 통해 최초의 원시 생물체(Origin of life)를 발생시킨 것으로 여겨진다.

분화 과정에서 마그마 속의 수증기와 물이 용출될 때는 고온이지만 대기와 만나 온도가 차츰 낮아지면 90℃ 정도의 물속에서 간단한 원시 박테리아인 유황 박테리아가 생존한다. 또한 이와 비슷한 수준의 원시 생명체인 남조류도 서식하는데, 이 생명체를 온천조라고 한다.

오랜 세월 동안 최초의 원시 생물체로부터 조금씩 변천하여 진화된 상위 그룹의 종들이 나타나기 시작했다. 유구한 세월의 흐름 속에서 고등 동식물이 생겨나 진화의 과정을 거치고 있는 것이다. 이러한 지사학적 시공간의 개념은 인류의 역사나 인간의 일상적인 의식 세계를 벗어난 것으로, 지구의 역사와 생물의 진화를 이해하는 데 중요한 역할을 한다.

## 옐로스톤의 생태계

옐로스톤의 자연 생태계에서는 침엽수림이 우점종으로 산꼭대기까지 자생하고 있다. 위도상 한대 지역에 속해 한랭하고 변화가 심한 곳이지만 활화산대 지온으로 추위가 덜하며 식생도 좋은 편이다.

그러나 이러한 과밀한 식생은 산불의 원인이 된다. 옐로스톤에서 일어난 산불은 사막으로부터 불어온 더운 바람이 밀생된 나무 둥치들을 마찰하여 일어난다. 1988년에 대규모 산불이 발생해 한 달 동안이나 지속되었고, 전국적으로 2만5천여 대의 소방차가 진화작업에 동원되기도 했다. 하지만 인력의 한계로 완전히 진화하지 못하다가 비와 눈이 내려 비로소 완전히 진화된 사례가 있었다. 산불이 일어난 후 30여 년이 지난 지금, 생태환경은 호전되었고 침엽수림이 더욱 빽빽하게 자생하고 있다.

이곳의 우점종을 이루는 침엽수림과 함께 자생하는 활엽수를 살펴보면 다음과 같다.

- 전나무(Fir) : *Abies lasiocarpa*(라시오카르파전나무), *Pseudotsuga menziesit*(개솔송나무)
- 노간주나무(Juniper) : *Juniperus scopulorum*(스코풀로룸 향나무), *Juniperus communis*(두송)
- 가문비나무(Spruce) : *Picea engelmannii*(엥겔만 스프루스),

*Picea pungens*(푸른가문비나무)
- 소나무(Pine) : *Pinus contorta*(로지풀소나무), *Pinus flexilis*(엽편송), *Pinus albicaulis*(화이트바크소나무)
- 포플러(Aspen) : *Populus tremuloides*(북미사시나무)
- 사시나무(Cotton-wood) : *Populus angustifolia*(좁은잎미루나무)
- 오리나무(Alder) : *Alnus incana*(알누스잉카나)
- 벚나무(Populus) : *Populus trichocarpa*(블랙북미사시나무)
- 버드나무(Willow) : *Salix arctica*(살릭스아르크티카), *Salix lasiandra*(빛버들)

 이 공원에는 67종의 포유류가 서식하는데, 그중 흑곰과 갈색곰(그레즐리)이 680여 마리와 독수리, 늑대, 여우, 들쥐, 엘크, 버펄로 등이 서식하고 있다. 버펄로는 무려 8천여 마리가 살고 있는데, 원래 아메리카는 들소, 버펄로가 많이 자생하던 곳이었다.
 한때는 사슴을 공격한다는 이유로 늑대를 멸종시켰으나 자연평형을 위해 다시 캐나다에서 도입했다. 최상위 포식자인 호랑이나 사자가 사라져 현재는 늑대가 그 자리를 차지하고 있다.
 이곳은 자연 그대로의 생태계로 어떠한 동식물도 인위적인 훼손은 없다고 하겠다, 일례로 와시본 산의 도로에서는 버펄로 떼가 도로를 점유해 자동차와 관광버스가 기다려야 하는 경우가 비일비재하다. 야생동물에게 경적을 울려 자극을 주거나 위협하는 것은 법으로 금지되어 있다. 세계적인 생태공원의 모습이라 하겠다.

옐로스톤 면적의 약 80%는 숲이며, 7종의 침엽수가 대부분을 차지하고 있다. 나머지 15%는 초원이며, 5%는 강과 호수이다.

이 공원에는 1천7백여 종류의 나무가 자생하는데, 침엽수로는 로지폴소나무가 80%를 차지하며, 서부알파인전나무, 화이트바크소나무가 있다. 활엽수로는 사시나무, 버드나무 등이 있다.

이 공원은 위도상으로 유럽의 알프스나 아시아의 시베리아와 비슷한 위치에 있다. 알프스는 산의 고도에 따라 상당히 안정된 생태계를 이루고 있으며 시베리아의 생태계는 전형적인 한대 지방의 생태계를 이루고 있다. 반면에 옐로스톤의 생태계는 화산의 분화구에 집중되어 있고 아직도 마그마의 활동에 영향을 받는다는 특징이 있다.

## 옐로스톤의 강과 호수

옐로스톤 강은 와이오밍 주에서 발원하여 공원을 지나 미주리 강으로 유입되며, 길이는 대략 1,114km로 상당히 긴 강이다.

이 강에는 290여 개의 폭포가 있으며, 가장 큰 폭포는 94m의 낙폭을 자랑한다. 협곡이 깊은 곳에서는 무려 1,000m에 이를 정도로 깊은 폭포 줄기도 볼 수 있다.

강물은 수온이 낮고 맑으며, Brook Trout(북미곤들매기), Cutthroat

옐로스톤 호수

Trout(컷스로트송어), Brown Trout(브라운송어), Rainbow Trout(무지개송어-컷스로트송어와 동일 어종), Lake Trout(연못송어) 등의 송어가 많이 서식한다. 송어는 냉수성 어종으로 깨끗한 수질을 선호한다.

옐로스톤의 호수는 국립공원의 중요한 수생 생물의 원천지이다. 이 호수는 해발 2,357m에 위치해 미국에서 가장 높은 고도에 있으며, 352.2km², 연안의 길이는 180km에 달한다. 최대 수심은 120m, 평균 수심은 42m이며, 장축은 35km, 최대 폭은 24km이다.

호수의 외형은 손가락을 편 것 같은 모양으로 호안의 길이가 길다. 옐로스톤 호수의 물은 겨울철에 결빙되었다가 5월 말경이 되어야 완전히 녹는데, 청정수역으로 아름다운 자연 경관을 자랑한다.

## 그랜드 티턴 국립공원

그랜드 티턴(Grand Teton National Park) 국립공원은 옐로스톤 국립공원의 남쪽에 위치하며 아름다운 설봉, 얼음 호수, 잭슨홀 계곡 등으로 이루어져 있다. 면적은 31만 에이커이며, 최고봉은 4,179m(13,770피트)이다. 공원 안에 300마일 정도의 도로가 있다.

1929년에 티턴 산 줄기와 얼음 호수를 보호하기 위해서 설립되었고, 1950년 록펠러가 기증한 땅이 더해져 현재의 크기가 되었다. 독수리, 흑곰, 갈색곰, 버펄로 등이 서식하며, 물고기와 더불어 양서류와 파충류도 자생한다.

이 공원은 무엇보다도 외형적 아름다움으로 유명하며, 레이건 대통령이 고르바초프와 회담한 장소로도 알려져 있다. 케이블카로 티

그랜드 티턴 국립공원은 티턴 산 줄기와 얼음 호수를 보호하기 위해 설립되었다.

턴 산에 올라가 설봉, 얼음 호수, 계곡, 잭슨홀 등을 조망할 수 있다. 하이킹, 자전거 타기, 캠핑 등을 즐길 수 있으며, 겨울철에는 스키장으로 활용된다.

티턴이라는 이름은 프랑스 모피상들이 산의 경치가 아름다워 여성의 젖가슴을 뜻하는 떼똥(téton)이라 부른 것에서 유래했다. 국립공원 내에는 부호들을 위한 잭슨레이크로지가 있으며, 일주일 사용료가 8만 달러에 이른다고 한다.

북미 내륙, 로키 산맥에 위치해 인적이 드물고 독특한 자연지리적 환경과 청정한 자연을 즐기기 위해 많은 관광객이 찾고 있다.

### 유타 주와 솔트레이크

유타 주는 네바다 사막과 인접한 지역으로, 남한의 1.2배 면적에 인구는 고작 250여만 명이지만 인구의 70%가 모르몬교도이며, 이들은 근면 성실하게 일한다.

유타 주에는 버펄로가 많고, 구리 광산과 금 광산으로 도시가 발달했다. 동서 대륙 간 철도의 중간 지역으로, 1868년에 연방에 가입했다. 시청사에는 8.6톤이나 되는 돔이 서 있고 시청사 옆에는 브링검과 인디언 조각상이 있다.

유타 주는 미국에서 6번째로 부유한 주로, 깔끔하고 살기 좋은

유타 주 청사

곳이다. 모르몬교가 부의 기반이 되었으며, 코카콜라의 주식 12%와 델타 항공사를 소유하고 있다.

　모르몬교는 후기 성도 예수 그리스도교라 하며, 1830년 뉴욕의 빈민가에서 조셉 스미스 교주가 창설했다. 그는 3번의 계시를 받아 모르몬경을 작성했고, 무려 26번이나 투옥되었음에도 무죄를 선고 받았다.

　모르몬교의 남자는 성실 근면하게 일을 하다가 죽는 경우가 많아 여자가 많아져 일부다처제가 허용되기도 했다. 한때 부를 지닌 남자가 56명의 아내를 두기도 했다. 모르몬교는 가정 중심의 종교로, 하늘에 있는 많은 영혼이 여자의 몸을 통해 이 세상에 태어난다고 믿는다. 그래서 과거에는 많은 영혼을 탄생시키기 위해 일부다처제를 시행했지만, 지금은 바뀌어 일부일처제를 교리로 삼고 있다.

솔트레이크 호수는 높은 염분 때문에 생물이 생존하기 어렵다.

솔트레이크 시는 미국에서 범죄율이 가장 낮고 교육열이 높은 주로, 인구는 22만 명에 불과하다. 시청사의 앞 일주문 위에는 갈매기가 새겨져 있는데, 이는 메뚜기 떼로 인한 농작물 피해를 갈매기 떼가 막아준 것을 기념한 것이다.

솔트레이크 호수는 내륙에 위치하며 가로 122km, 세로 28km로 화산으로 생긴 호수 중 가장 크다. 수심은 120m에 이르며, 염분이 무려 22%로 바닷물의 3.5%보다 훨씬 높다. 이는 지각 변동으로 바다가 내륙에 갇히고 사막의 뜨거운 열기에 해수가 증발해 염분이 농축된 결과이다. 지금도 강수량의 정도에 따라 염분 농도가 변화하며, 높은 염도 탓에 대부분의 생물이 생존하기 어렵다.

6장

중남미의 자연 생태계

# 멕시코의 자연

## 멕시코의 자연

멕시코는 북미에 위치한 국가로, 총면적은 1,964,375km²이고, 인구는 1억3천만 명 정도이다. 태평양 쪽으로는 서(西)시에라마드레 산맥이 뻗어 있고 대서양 쪽으로는 동(東)시에라마드레 산맥이 자리를 잡고 있으며, 남단으로는 남(南)시에라마드레 산맥이 발달해 있어서 광활한 국토의 대부분이 고원으로 이루어져 있다.

멕시코의 자연환경은 다양하다. 서쪽은 시에라마드레 산맥이고, 동쪽으로는 대서양과 멕시코 만, 카리브 해와 맞닿아 있다. 이러한 지리적 특성으로 인해 멕시코는 해안선을 따라 저지대가 발달해 있으며, 대부분의 영토는 고원으로 이루어져 있다. 기후적으로 열대 지역에 속하며, 수도 멕시코시티는 해발 2,250m의 고산 도시이다.

멕시코의 인구 구성은 백인이 10%, 백인과 인디오의 혼혈이 65%, 인디오가 25%로 이루어져 있다. 대부분의 국민은 가톨릭 신자이며, 스페인어를 사용한다. 국민소득은 1만 불 정도이며, 수도 멕시코시티는 인구 2천3백만 명 정도로 멕시코에서 가장 큰 도시이다. 이 도시 근처에는 멕시코에서 가장 높은 오리사바 산(5,699m)과 포포카테페틀 산(5,452m)이 있다.

## 멕시코의 문명과 성지

라틴 아메리카의 3대 문명으로는 멕시코 고원을 중심으로 하는 아즈텍 문명, 유카탄 반도에서 발생한 마야 문명, 그리고 안데스 산맥에서 꽃피웠던 페루의 잉카문명이 있다. 이들 문명은 각기 독특하고 뛰어난 거석 문명으로 유명하다.

멕시코에서 발생한 수많은 문명 중에서 멕시코시티에서 50km 떨어진 근교에는 테오티우아칸(Teotihuacan)이라는 거석 문명이 남아 있다. 테오티우아칸은 '신들의 도시'라는 뜻이며, 대표적인 유적으로 거대한 태양과 달의 피라미드가 있다.

태양의 피라미드는 밑부분의 길이가 222m와 225m이며 높이는 66m로 거대하다. 태양의 피라미드는 밑단에서 상단까지 250개의 계단으로 연결되어 있어서 많은 사람들이 오르내린다. 이 피라미드는 현존하는 피라미드 중 세계에서 2번째로 큰 것이다.

달의 피라미드는 달에 제사를 드리기 위해서 만들어졌다. 크기는 밑부분의 가로 세로의 길이가 똑같이 145m이며 높이가 45m이다. 건축 양식은 태양의 피라미드와 같다. 태양의 피라미드보다 200년 뒤인 기원전 2세기 후반에 만들어졌다. 이 두 개의 피라미드는 서로 이웃하고 있으며 1987년에 유네스코 세계 문화유산으로 등재되었다.

멕시코, 즉 라틴 문명의 꽃은 피라미드이다. 이곳의 피라미드는 아프리카의 것과는 성격이 달라 제단으로 사용되었으며 인신 공양의 양상을 보이기도 한다. 세계 곳곳의 인간의 종교적 의식은 다를지라도 부귀영화를 기원하며 영생불멸의 복락을 추구하는 것은 비슷하다고 볼 수 있다.

테오티우아칸 유적지의 태양의 피라미드

15~16세기 아즈텍 국가는 천문학 등에서 상당히 발달한 문명을 지니고 있었다. 이들은 태양신을 믿었고 국가 행사 때마다 태양신이 먹고 산다는 사람의 심장과 피를 제물로 바쳤다. 스페인 정복자가 침범하고 천연두 등 유럽 대륙에서 들어온 전염병이 돌아 100여 년 동안 아즈텍 인구 2천여만 명이 1백6십여만 명으로 줄었고 1521년에는 완전히 정복당했다.

멕시코는 국립 인류학박물관을 세계 3대 박물관이라고 자랑하는데, 실제로 많은 유물이나 특별한 것을 보유하고 있다기보다는 라틴 문명의 독자적인 유물을 질서 정연하게 정리해 놓은 것이 특징이다.

1964년에 개관한 이 박물관의 1층 12개의 전시실에는 고대 인디오의 문화 유물이 전시되어 있고, 2층의 10개 전시실에는 현재 멕시코 전역에 살고 있는 고대 인디오의 후예인 토착민의 민족사를 전시하고 있다.

이 지역의 아즈텍 문명과 마야 문명 등은 인디오에 의하여 찬란하게 발달한 문명이었다. 런던의 자연사박물관이나 프랑스의 자연사박물관이 자체의 독자적인 문명이 아닌, 고대 이집트 등 여러 나라의 찬란했던 문명을 전시해 놓은 박물관이라고 한다면, 이 박물관은 수수하지만 독자적인 문화를 전시해 놓은 박물관으로 평가받고 있다.

과달루페 성당은 포르투갈의 파티마 성당, 프랑스의 루르드 성당과 함께 성모 발현의 세계 3대 성당 중 하나이다. 성모 마리아가 1531년 12월 9일 원주민 농부인 후안 디에고의 꿈에 나타나서 테페약 언덕에 과달루페 성당을 지으라고 신부에게 전하라고 하였다. 원주민 농부는 신부에게 꿈 이야기를 했지만 신부는 이 농부의 말을 믿지 않았다. 다시 성모 마리아가 농부에게 나타나 재촉하며 신부에게 전하라고 했지만 역시 받아들여지지 않았다. 오히려 신부는 농부에게 성모님이 나타났다는 증거를 보이라고 윽박질렀다. 다시 꿈에 나타난 성모 마리아에게 농부가 증거를 보여달라고 하자 언덕 뒤편에 가보라고 하셨다. 농부는 한겨울 눈 속에 빨간 장미가 피어 있는 것을 보았고, 이 꽃을 한아름 꺾어 신부에게 가져가자 성모께서 농부의 꿈에 발현하셨음을 믿고 그 자리에

과달루페 성당

성당을 지었다.

멕시코의 제2의 도시는 푸에블라(Puebla)이다. '천사의 도시'라고 불리며 멕시코의 32개 주 중의 하나로 주의 수도이며 인구는 3백만 명이 넘는다. 수백 년의 연륜을 지닌 바로크 양식의 성당이 백여 개 이상이나 있는 도시이다. 수도 멕시코시티에서 130km 거리에 있으며 멕시코 만의 베라크루스와는 225km 떨어져 있어서 교통이 좋은 곳이다.

이 도시는 고산인 오리사바 산 인근에 위치해 있으며 해발 2,162m의 고산 도시이다. 또한 오리사바 산의 화산 분출의 연기를 바라보는 도시로서 1521년 스페인이 처음으로 점령하여 식민지로 만든 곳이기도 하다. 오백 년이 지난 현재는 유네스코 세계유산으로 등재되어 있는 도시이다.

푸에블라 대성당은 대단한 규모의 건축물이다. 그 안에 여러 개의 소성당이 들어 있으며, 1575~1649년 동안 스페인 지도자들의 감독 아래 원주민 노동자들만의 노역으로 세워진 대성당이다. 종탑에는 19개의 종이 있으며, 탑의 높이는 72m로 멕시코에서 제일 높다.
또 다른 성당인 산토도밍고 성당은 1571~1811년에 인디오의 건축 장인들이 독자적으로 건설한 바로크식 성당으로 세계 8대 성당의 하나로 꼽힌다. 이 성당 안에 있는 소성당은 장식물 전체가 순금일 뿐만 아니라 성당의 벽과 천정도 순금으로 덮여 있다. 이 금들은 원주민들이 공물로 자진 헌납한 것이다. 화산 폭발에도 불구하고 이 소성당은 작은 피해조차 입지 않았다고 한다.

푸에블라 시의 인근에는 세계에서 가장 큰 피라미드가 있는데, 현재 그 위에는

푸에블라 주교대성당

치유의 성모 마리아 성당이 있다. 원래 이 피라미드는 거대한 돌산으로 이루어져 있었으며, 새로운 피라미드가 계속 쌓여 하나의 돌산을 형성하고 있었다. 16세기에 스페인이 이 지역을 점령하면서 피라미드 위에 흙을 채워 평탄한 표면을 만들고 성당을 지었다. 1999년에 교황 바오로 2세가 이곳을 방문하면서 대성당으로 승격되었다. 현지인들은 이 성당을 찾아 아픔을 치유해주는 성모 마리아의 영험을 경험하곤 한다.

원래의 피라미드는 복원되지 않았으며, 한쪽 구석에 극히 일부만

치유의성모마리아성당

복원되어 전시되고 있다. 이 피라미드는 검은색의 화산석으로 이루어져 있으며, 바로 아스텍 문화의 제전이 있던 곳이다.

# 브라질의 자연

## 이과수 폭포의 자연

브라질은 남미 최대의 국가로, 세계 최대의 아마존 강은 대부분 브라질의 영토 내에서 흐른다. 아마존 강은 대서양의 적도 해역으로 방대한 양의 담수를 유입시키며, 하구 지역의 대서양 근해는 이로 인해 막대한 영향을 받고 있다. 이로 인해 상당한 거리의 원양까지 해양 생태계와 기수 생태계가 공존하고 있다.

브라질의 적도 지역에 형성된 아마존의 열대 산림 생태계는 막대한 양의 산소를 발생시키며 지구 생태계에 영향을 미치고 있다. 또한, 브라질은 장강 대하인 파라나 강을 여러 나라와 공유하고 있으며 파라나 강의 수계에 이과수 폭포가 있다.

지구에서 가장 경이로운 경관 중 하나로 꼽히는 이과수 폭포

브라질의 이과수 폭포와 공원은 자연 명미 중의 하나로 꼽힌다. 이과수 폭포는 80%가 아르헨티나에, 20% 정도가 브라질 쪽에 있다. 폭포의 평균 낙차는 72m이며, 악마의 목구멍이라 불리는 폭포의 낙차는 80m로 가장 크다. 이 폭포의 수량은 1,750톤/s이며, 275개의 물줄기가 2.7km의 폭포 구간에 걸쳐 흐르고 있다.

이과수 폭포는 지구상에서 가장 경이로운 경관 중 하나로 평가받고 있다. 브라질의 이과수 국립공원은 1986년에 유네스코 지정 세계유산으로 등록되었다. 이 국립공원은 240km², 즉 24만ha의 면적을 차지하고 있으며, 산책길을 조성해 폭포의 정경을 조망할 수 있다. 이곳에서는 2단 폭포, 즉 두 개의 폭포가 계단처럼 이어지는 폭포도 볼 수 있다.

　이 국립공원의 식물상을 보면 자생하는 총 식물의 종류가 2천여 종으로 다양성이 크다. 평균 나무 높이는 25m이며 수목이 백여 종이고 난초가 백여 종이 있다.

　이 지역의 대표적인 식물 중 하나는 조씨라 야자이다. 그런데 과잉 채취로 인해 국립공원에 자생하는 것을 제외하고는 멸종 상태에 있다.

　침바우바(timbauba) 나무는 희귀종으로 이 공원에 한그루 밖에 남아 있지 않다. 나무의 높이는 30m 정도인데, 이 나무 껍데기를 으깨서 물에 풀면 물고기가 마취되어 물 위에 뜬다. 나무는 대단히 가볍고 단단해서 카누 제작에 사용되며 씨는 비누처럼 거품이 나오는데 사포닌 성분을 많이 지니고 있다.

　이 국립공원은 나비의 왕국이라 불릴 만큼 다양한 나비가 서식하고 있는데, 나비들은 사람의 땀에 배어 있는 소금기와 미량의 원소를 빨아먹기 위해 사람들에게 몰려들기도 한다.

　이과수 폭포는 1541년 스페인 탐험가 아흐랄 므니스가 인디언들을 데리고 황금의 도시를 찾던 중 찾아낸 아름다운 비경으로, 처음에는 '산타 마리아'라는 이름이 붙었다. 이후 1820년대에 이과수는 재발견되었고, 1900년대에는 프랑스인 알베르토 산토스 뒤몽이 이과수 지역의 지주가 되어 20여 년간(1917~1937) 국립공원 운동을 전개한 결과 오늘날의 이과수 공원이 만들어졌다. 산토스 뒤몽은 라이트 형제 다음으로 비행기를 띄운 인물이며, 세계 최초로 손목 시계를 개발한 프랑스 부호로서 이 지역을 널리 알리는 데 큰 역할을 했다.

이과수 폭포는 영화 〈미션〉의 배경이 된 곳으로도 유명하다. 백인들이 인디오들을 학살하는 처참한 상황을 다룬 이 영화는 인디오 경매 상인이 죄를 뉘우치고 신부가 되어 인디오 아이들과 함께 순교한다는 내용을 담고 있다.

아메리카에서는 백인들이 인디오를 학살한 후에 인디오 노예가 부족해지자 모잠비크에서 콩고 등지의 흑인을 잡아다가 짐승처럼 부려 먹었다. 그 당시 스페인과 포루투갈의 영향력 아래 있었던 라틴아메리카에서 파생된 음악과 춤은 세계적으로 유명한데, 아메리카로 끌려온 흑인 노예들의 고단한 삶을 풀어낸 삼바와 람바다, 차차차 등이 전해 내려온다.

## 이타이푸 댐의 자연

브라질과 파라과이 사이에는 파라나 강을 막아 건설한 이타이푸 댐이 있다. 브라질은 수력발전이 97%로 대부분을 차지하고 있으며, 화력발전과 원자력 발전은 상대적으로 적은 비중을 차지한다. 최근에는 극심한 가뭄에 대비해 화력 발전소를 늘리고 있다.

브라질과 파라과이 사이의 파라나 강을 막아 건설한 이타이푸 댐

이타이푸 발전소는 이과수 시에 연 2천4백만 달러(2005년 기준)의 세금을 내고 있다. 자원 부국인 브라질은 천연가스의 매장량도 많지만, 자신들의 것은 저장해 놓고 볼리비아의 천연가스를 전량 수입해서 사용하고 있다.

댐의 담수량은 바다처럼 넓고 물결이 도도하게 일며, 물의 색깔은 약간 탁한 청색을 띠고 있다. 이곳의 물은 전 세계의 다른 댐의 물보다 밀도가 큰 것이 특징이며, 다양한 어류가 서식하고 있다. 대형 어류인 수루비(surubi)도 서식한다. 댐의 32km 상류에서는 어업이 활발하게 이루어지고 있다. 파라나 강과 이타이푸 댐의 생태계에 대해서는 파라과이의 자연에서 더 자세히 소개하겠다.

## 브라질의 개요

　브라질은 남미 대륙의 거의 절반을 차지하는 큰 나라로, 면적은 851만km²이고 인구는 2억 명이 넘는다. 수도는 브라질리아이고, 언어는 포르투갈어를 사용하며, 종교는 대부분 가톨릭이다.
　브라질은 자연재해가 거의 없는 나라로, 특히 태풍, 지진, 화산 등의 피해가 없다. 대신, 넓은 국토와 풍부한 자원을 바탕으로 농업과 목축업이 발달했다. 특히 소의 방목 규모는 세계 최대 수준으로, 무려 1억6천만 마리에 달한다.
　브라질은 지하자원 부국으로, 특히 많은 양의 금이 생산된다. 하지만, 경제 상황은 좋지 않아서 개인당 국민소득은 2024년 기준 11,352달러로 우리나라 34,165달러의 1/3 수준이다.
　브라질은 다양한 인종과 문화가 공존하는 나라로, 백인, 혼혈, 흑인, 일본인, 아랍인, 한국인 등 다양한 인종들이 살고 있다. 종교는 가톨릭이 85%로 가장 많고, 개신교가 13%, 토속신앙이 2% 정도이다. 빈부의 격차가 심해서, 일부 지역에서는 마피아 조직이 정부를 상대로 활동하기도 한다. 초등학교 중퇴자 비율이 높고 아동 문맹률이 40%나 되는 등 공교육이 완전히 무너진 상태이다.
　브라질의 최대 도시 리우데자네이루는 인구가 670만 명 정도이지만 인근 도시까지 합하면 1천2백만 명이 넘는다. 면적은 1,200km²로 서울의 두 배 크기이다. 리우데자네이루는 '1월의 강'이라는 뜻으로, 5백 년 전에 탐험대가 만 입구에 들어오면서 강으로 착각했으나 실제로는 바다였고 그 시점이 1월 1일이었기 때문에 붙여진 이름이다. 이탈리아의 나폴리, 호주의 시드니와 함께 세계 3대 미항으로 꼽힌다.

1500년 포르투갈의 왕은 카브랄 장군에게 1천5백 명의 군사를 주고 인도에 도착하여 후추 등 농산물의 무역권을 아랍인으로부터 빼앗아 오라는 명령을 내렸는데 이들은 바스코 다 가마가 개척한 인도 항로를 잃고 표류하다가 브라질에 도착했다. 이곳은 다양한 어류와 새들이 서식하는 곳으로, 특히 앵무새가 많아서 '앵무새의 땅'이라는 뜻의 '떼라 드 빠빠'라고 불렸다. 이 지역에서는 비싼 천연염료 식물이 많이 발견되었는데, 그 식물의 이름이 '브라질'이어서 나라 이름도 브라질이 되었고, 이를 개발하기 위하여 이민 정책을 펼쳤다.

이후 브라질의 역사는 포르투갈과의 관계 속에서 전개되었다. 포르투갈의 왕이 아들에게 브라질의 왕자 자리를 물려주고 포르투갈로 돌아가자, 아들은 아버지의 신하들을 모두 숙청하고 1822년에 브라질의 독립을 선언하여 초대 황제가 되었다. 그가 바로 페드루 1세(1798~ 1834)이다. 당시 포르투갈은 나폴레옹의 군대에 시달리고 있었기 때문에 브라질을 평정할 힘이 없었다. 결국, 아버지와 아들은 협상을 통해서 2백만 루안을 아버지에게 주면서 독립을 확고히 했다.

페드루 2세(1825~1891)는 브라질 제국의 2대 황제로, 브라질을 태평성대로 이끌었다. 그는 인접 국가와 수많은 전쟁을 벌였지만 모두 승리했다. 페드루 2세는 풍류를 즐겼던 인물로, 1909년 슈가로프 산에 세계에서 세 번째로 케이블카를 설치하기도 했다.

페드루 2세는 건강이 좋지 않을 때마다 유럽으로 여행을 떠나곤 했다. 그가 유럽에서 휴양을 즐기는 동안 큰딸 이자벨이 국정을 맡았다. 이자벨은 3백 년 동안이나 지속되었던 노예제도를 폐지하는 등 개혁을 추진했다. 페드루 2세가 귀국한 뒤에는 정변이 일어나 1889년 11월 왕정 포기 각서를 쓰게 되었다. 이로 인해 브라질은 공화국이 되었고, 이자벨의 동상이 세워지고 주요 시가지의 이름이 이자벨로 명명되었다.

그러나 군부 쿠데타로 인해 1929부터 1985년까지 오랜 기간 군정이 계속되었다. 이들은 브라질을 부패하게 만들었고, 민주주의의 민정이 된 역사는 얼마 되지 않았다. 군부에 시달린 브라질 국민들은 지금도 왕정을 동경하고 있지만, 왕정 복귀에 대한 투표 결과 찬성은 32%에 그쳤다. 그 뒤 커피와 우유의 생산이 많아 '커피와 우유의 공화국'으로 불리고 있다.

## 브라질의 축구 문화

리우데자네이루는 카니발의 도시, 삼바의 도시로 유명하다. 카니발은 사순절의 1주일 전에 즐기는 축제로, 바뚜께 종교음악을 어느 평범한 주부가 대중화시킨 것이다. 한 팀이 5백~6백 명이며, 많을 경우에는 5천 명이 한 팀이 될 수도 있다. 삼바 춤은 인기 있으며, 카니발에서는 무려 2백여 톤의 폭죽을 쓰고 외국 관광객을 2백만 명 가까이 유치한다.

브라질은 축구의 왕국으로, 60여 년 전에 무려 20만 명이 관람할 수 있는 마라카낭 경기장을 건립했다. 빅 매치가 있을 때에는 학교나 관공서도 휴무일 정도로 축구에 대한 열정이 대단하다.

브라질의 축구 영웅 펠레는 빈민가에서 태어났으며 선천적으로

카니발과 삼바의 도시 리우데자네이루

근시임에도 불구하고 감각적인 축구를 하는 선수로, 3천 게임에서 무려 2,890여 골을 기록한 축구 영웅이다. 그는 3개국어를 유창하게 하고 연습을 게을리하지 않는 노력형의 천재였다.

또 다른 축구 영웅 호나우두도 빈민가 출신으로 1억 불의 축구 인생을 살았다. 그는 명문대 출신에 미인인 수잔나와 6개월 동안 열렬한 사랑을 했으나, 유럽에서 원정 축구를 하고 귀국할 때 만난 밀레니라는 친구를 만나서 하룻밤 정을 나누고 결혼하였다.

호나우두는 수잔나가 옆에 있기만 하면 자신이 작아짐을 느꼈다고 한다. 수잔나는 플라밍고 팀의 골키퍼와 결혼하면서 호나우두의 골을 막으라고 했다는 일화도 있다. 호나우두는 굴러다니는 황금과 같은 존재였다. 이처럼 브라질에서는 부를 가져오는 방법이 축구 선수가 되는 것이다.

## 한국인의 이민 역사

우리나라 사람의 브라질 이민 역사는 1918년 일본인의 국적으로 사탕수수 농장으로 이민한 것이 시초이다. 그 뒤 1956년 반공 포로 50명이 인도를 거쳐 브라질로 이민했다. 본격적인 이민은 1962년 농업 이민으로 65일간 배를 타고 브라질에 도착한 것이 시초였는데, 이민자 대부분은 공무원과 군인 출신이었다. 그러나 이들은 자녀 교육 문제로 적응하지 못하고 상파울루로 이주해 유대인이 운영하는 의류업계의 보따리상으로 이민 생활을 시작했다.

브라질에는 일본인이 2백만 명 정도 거주하고 있으며, 이들 중 60%는 커피농장을 경영하고 있다. 이들은 시카고의 커피 시장을 장악하고 있고 일본 본토의 5배나 되는 땅을 차지하고 있다. 브라질에서 일본 사람을 일본인이라고 하면 화를 낸다고 하는데, 이는 조국이 자신들을 차별하고 있어서 조국애가 없기 때문이라고 한다.

반면에 브라질 사람들은 한국인을 좋아하며 한국에서 배울 점이 많다고 생각한다. 한국인들의 교육열이 높은 것을 높게 평가하며, 초등학교에서 셈본을 한국식으로 가르치기도 한다. 한국의 교육 시스템을 좋아하고, 한국의 삼성전자 제품과 기아자동차 등은 최고의 인기를 누리고 있다.

브라질은 우리나라와 자연환경과 생활상이 다르다. 남반구에 위치하여 북두칠성 대신 남십자성으로 길을 찾고, 집도 북향집을 선호한다. 부부싸움을 하면 남자가 집을 나가고 이혼할 때에는 무조건 여자에게 자녀 양육권이 주어지며, 남자 봉급의 30%를 자녀 양육비로 할당한다. 전화를 할 때도 전화하는 사람의 이름과 전화번호를 대고 확인한 후에 통화를 한다.

# 아르헨티나의 자연

## 이과수 강과 이과수 폭포의 자연

브라질과 아르헨티나 국경에는 이과수Iguasu폭포가 있다. 폭포의 80%는 아르헨티나 영토에, 20%는 브라질 쪽에 위치해 있다. 이 폭포는 세계적인 자연 경관의 풍치지구로 유명하다. 이과수의 'I'는 '물'을 뜻하고 'guasu'는 '크다, 많다'라는 뜻을 가지고 있어, '이과수'라는 말은 '큰 물'이라는 뜻이다. 이과수 강의 길이는 1,350km이고 초당 1천2백 톤의 물이 흐른다. 이과수 강의 본류인 파라나 강의 수량은 초당 1만 톤이다.

이과수 강은 위도상으로 23°N에 위치하고 아열대성 기후를 나타내고 있다. 여름을 비롯한 6개월은 매우 더워서 52℃까지 오르기도 한다. 평균 습도는 80%이고 연 강수량은 2,200mm 이다. 겨울에 추울 때는 1℃까지 기온이 내려가며, 1999년에는 예외적으로 40년 만에 -8℃까지 내려간 경우도 있다. 여름철에 비가 많아서 총 강수량의 70%가 이 계절에 내린다.

이과수 강에서 잡히는 물고기 중 가장 큰 물고기는 '쟈오'인데, 78kg의 기록이 있다. 다음으로 큰 물고기는 '삔따죠'라고 한다. 파라나 강물에는 수루비라는, 담수어 중 가장 큰 어종도 서식하고 있다

이과수 폭포의 핵심 관광지역은 아르헨티나에 위치한 이과수 국립공원이다. 공원에서는 궤도 열차를 타고 이과수 강가로 이동할 수 있다. 이후 1.9km를 걸으면 이과수 폭포에 도착한다. 이과수 폭포에서는 악마의 목구멍이라고 부르는 곳이 유명하다. 엄청난 양의 물이 떨어지면서 튀어 오르는 비말과 무지개가 환상적인 풍경을 만들어 낸다.

이과수 폭포에서는 래프팅을 즐길 수 있다. 급물살을 타며 폭포 바로 밑에서 폭포의 상단을 바라보는 경관은 매우 인상적이다.

래프팅을 할 때에는 비옷과 구명조끼를 착용해야 하며, 20~30명이 탈 수 있는 보트에 2백 마력의 발동기를 두 대 장착한다. 보트는 물이 낙하하는 지점까지 접근하며, 물방울로 샤워를 하며 이과수 폭포의 정기를 받고 나오게 된다. 배의 흔들림이 심하기 때문에 사공의 기술이 매우 중요하다. 사공은 롤링을 조절하며, 승객은 폭포

물의 마력과 자연 경관의 절경을 느낄 수 있다.

아르헨티나의 이과수 국립공원은 매우 방대한 면적을 가지고 있으며, 1984년에 유네스코의 세계유산으로 등재되었다. 이 공원은 열대 수림을 보유하고 있으며, 정글 투어의 사파리 차를 타고 돌며 자연 생태를 살펴볼 수 있다. 이 공원의 숲에는 3대 맹수인 푸마, 흑표범, 표범이 살고 있는데 이들은 70kg에서 100kg의 무게를 가지고 있다.

이과수 국립공원은 이과수 강의 양편으로 브라질과 아르헨티나의 국경선 위에 있다. 양국은 이과수 폭포를 경관 보존지역으로 지정하고 있다. 브라질의 국립공원은 240km²이고 아르헨티나의 공원 면적은 550km²이다. 이 두 곳의 열대 수림공원에 서식하는 곤충, 조류, 식물상, 동물상 등은 거의 동일하다.

이과수의 천연림은 아열대의 상록수림으로 빈 공간 없이 빽빽하게 채워져 있다.

최근에는 말레이시아에서 유입된 대형 대나무가 강가의 연안 지대에서 우점종으로 번성하고 있다. 하지만 이 대나무는 다른 나무의 자생을 막아 산림의 암이라는 악명을 갖고 있다.

### 아르헨티나의 개요

아르헨티나는 남미에서 가장 좋은 옥토의 환경을 지니고 있다. 면적은 278만km²이고 인구는 2021년 기준으로 4,581만 명 정도이다. 1인당 GDP는 2021년 기준으로 10,636달러이다. 수도는 부에노스아이레스이며 언어는 스페인어를 사용한다.

부에노스아이레스를 중심으로 반경 6백~7백km의 팜파스(Pampas), 즉 대초원은 거대한 농경사회를 형성하고 있다. 팜파스는 아르헨티나 면적의 1/5이지만 인구는 3/4이 거주하고 있다.

아르헨티나는 1870년경부터 목양을 성행시켰으며 냉동업의 발달과 목초 알파파의 보급으로 육우의 사육을 발달시켰다. 아르헨티나의 구릉 대평원은 대부분 표고 150m 이하의 롬(Loam) 층 토양으로 되어 있으며, 많은 경우 화산에서 분출된 화산재가 퇴적하여 황갈색을 나타낸다.

토양이 건조하게 되면 토양의 입자가 바람에 날리지만, 습기가 많게 되면 점착성이 강한 습윤 팜파스로 변한다. 여기에서는 목양뿐만 아니라 해바라기, 유채, 아마, 오렌지 등 각종 채소류와 과일을 생산하고 있다.

남미에서 가장 살기 좋은 자연환경을 가진 나라가 아르헨티나이다. 이 나라는 대초원의 평야와 안데스 산맥 등 다양한 자연 경관

우주 항공사진으로 찍은 라플라타 강-오른쪽 황토색 부분이 부에노스아이레스

을 가지고 있다.

칠레와 국경을 이루는 멘도사 주에는 안데스 산맥의 최고봉인 아콩카과(Aconcagua) 산이 있다. 이 산은 높이 6,962m로 1897년에 최초로 정상에 등반했다. 이 산은 멘도사 시에서 112km의 거리에 있지만, 칠레의 국경과는 불과 15km 떨어져 있다.

파타고니아(Patagonia) 지방은 평원과 산악 지역으로 나뉘며, 아르헨티나의 안데스 고산 지역의 3천5백~3천6백m의 산간 지역은 칠레와 국경을 이루며 태평양의 해안과 남극 바다와 면하고 있다.

수도인 부에노스아이레스는 남미에서 가장 큰 도시 중의 하나로 아름다운 자연 경관을 가지고 있다. 대하 라플라타 강의 하구를 끼고 있으며 유럽의 문화가 그대로 이전된 모습을 볼 수 있다.

# 파라과이의 자연

## 파라나 강과 이타이푸 댐의 자연

파라과이에는 브라질과 국경을 이루는 파라나 강에 이타이푸(Itaipu)라는 초대형 댐이 건설되었다. 돌을 의미하는 '이타(ita)'와 노래한다는 뜻의 '이푸(ipu)'가 합쳐져 이타이푸라는 이름이 만들어졌다. 댐이 건설되기 전에는 강의 167km의 구간에 37개의 아름다운 폭포가 있었다. 그중에는 폭포의 높이가 50m나 되는 것도 있었지만, 댐 건설로 인해 아름다운 자연 경관은 모두 사라졌다.

이 댐의 건설로 아열대의 고유한 기후가 변해 겨울에 때때로 −8℃까지 내려가는 이변이 일어나기도 했다. 대형 댐으로 인한 기후 변화의 대표적인 사례이다. 파라과이는 이 댐의 건설에 동의만

하고 권한은 브라질과 반분하고 있다. 브라질은 1968년부터 댐을 건설하려고 했고 파라과이에서는 일찍이 과학자 벨토니가 이곳에 댐 건설을 이야기했기 때문에 댐 건설에 합의가 이루어졌다.

이타이푸 댐의 개요를 보면, 면적은 1,350km²이고 저수량은 29억 톤이며 댐의 길이는 170km, 최고 높이는 196m이다. 이것은 원자력 13기에 해당하는 동력을 생산한다. 터빈 한 개는 70만kw/h의 전기를 생산하며, 18개의 터빈 중에 17개는 브라질이 사용하고 파라과이는 1개만 사용한다. 이타이푸 댐의 막대한 전력량은 브라질 전력의 25%를 공급하는데, 이것은 4천만 명이 사용할 수 있는 전력이다.

1975년에 댐 건설을 시작하여 1991년에 가동을 시작했다. 이타이푸 댐에 사용된 철근은 파리의 에펠탑에 사용된 철근의 380배나 되며, 공사비는 216억 달러였다. 이 댐에 종사하는 직원은 4천 명으로 각국에 2천 명씩 할당되어 있다.

이타이푸 댐은 세계에서 두 번째로 큰 댐으로, 베네수엘라의 구리 댐, 미국의 후버 댐의 규모를 넘어섰다. 그러나 중국의 양쯔 강에 싼샤 댐이 완성되면서 세계 2위의 댐이 되었다. 이 댐은 홍수 조절 시설을 갖추고 있지 않아 홍수 피해를 전적으로 아르헨티나가 보고 있다. 이 때문에 아르헨티나는 댐 건설에 격렬하게 반대했었다.

1992년에는 강수량이 급격히 많아져서 평균 수량이 평소보다 17배가 늘었고, 부득이 이타이푸 댐의 수문을 열 수밖에 없었다. 이때 하류에 있는 부에노스아이레스가 물에 잠겨 막대한 손해를 입었다. 이러한 사고를 막기 위하여 이타이푸 댐의 270km 아래쪽에 피해방지용 평화의 댐을 건설했다. 이타이푸 댐의 수문을 여는 일은 거의 없지만, 만수위가 되어 열 경우에는 파라나 강의 초당 4만 톤과 이과수 강의 초당 1만 톤이 합쳐져 5만 톤의 수량이 방류된다. 이것은 소낙비가 40일간 쏟아졌을 때의 강수량이다.

브라질의 이과수 강 선착장에서 벨토니 쿠르즈 라인이라는 관광선을 타고 이과수 강을 따라 내려가다 보면 이과수 강과 파라나 강이 합류하는 지점을 만나게 된다. 이곳은 브라질, 아르헨티나, 파라과이의 국경이 만나는 곳으로, 파라과이 쪽의 파라나 강변에는 인디오의 마을과 벨토니 기념관이 있다.

벨토니는 천연 풀에서 사카린을 축출하여 일확천금의 부를 파라과이에 안겨준 과학자로, 스위스인 아버지와 이탈리아인 어머니 사이에서 태어났다. 이들 가족은 백여 년 전에 아르헨티나의 초청으로 이곳에 오게 되었지만, 아르헨티나의 지원이 끊기면서 어려운 생활을 하게 되었다. 이때 파라과이의 도움으로 인디오들과 함께 살면서 14명의 아이를 낳았지만 모두 풍토병인 말라리아에 걸려서 사망하게 되었고, 결국 벨토니와 그의 아내도 말라리아로 인해 세상을 떠나게 되었다.

벨토니 기념관에는 그가 실험하고 연구하던 현장이 그대로 보존되어 있으며, 현재는 관광지로 많은 사람들이 방문하고 있다. 기념관 주변에는 자카나무, 대나무, 야자수, 커피나무 등이 자생하고 있으며, 아열대 기후 속에서 강가의 숲이 좋은 경관을 자랑하지만, 세월 앞에 자연은 변화하고 인생은 무상함을 느끼게 한다.

## 파라과이의 개요

파라과이는 남미 내륙에 위치한 아열대 기후의 국가로, 더운 기후의 영향으로 국민들은 더위를 견디기 위해 이른 아침 시간에 주로 활동한다. 오후 1시부터 4시 사이는 너무 더워 야외 활동을 멈추고 시에스타 시간을 가지며, 창문의 덧문까지 닫고 낮잠을 자는 것이 보통이다. 이렇게 낮잠을 잔 뒤 늦은 오후부터 활동을 시작하여 저녁 시간이 긴 편이다.

파라과이의 면적은 406,752km²이며, 인구는 2021년 기준으로 671만 명 정도이고 인구 밀도는 15/km² 정도이다. GNP는 2021년 기준으로 5,891달러이다. 종교는 가톨릭이 90%, 기독교가 6%이다. 수도는 아순시온이며, 공용어로서는 스페인어와 과라니어를 사용하고, 통화는 과라니이다.

파라과이는 1864년부터 1870년까지 6년간 아르헨티나, 우루과이, 브라질이 연합한 삼국동맹과 전쟁 치렀다. 파라과이 남자들은 대단히 용맹하여 이 전쟁에서 남자들의 75%가 죽었고 인구는 절반으로 줄어들었다. 이 전쟁의 피해로 지금도 파라과이에는 여자가 남자보다 많고, 여자들은 남자를 차지하려고 심한 쟁탈전을 벌이기도 한다.

파라과이는 완전히 농업국가로 농작물의 80%를 정책적으로 브라질에 수출하고 있다. 자연환경은 상록의 풍부한 광합성 산물이 풍부하고, 이에 비례해서 수

만디오카는 파라과이에서 가장 쉽게 채취할 수 있는 먹거리이다.

많은 종류의 곤충이 서식한다. 별로 일을 하지 않아도 먹거리 걱정은 없어 보인다. 예를 들어, 이 지역에서 흔하게 자생하는 만디오카(mandioca)는 밖에 나가면 쉽게 채취할 수 있는 먹거리다. 이 식물의 뿌리는 고구마와 비슷하지만 밤 맛을 가지고 있으며, 도처에서 잘 자라는 천혜의 식량이다. 생으로 먹거나 삶아서 먹으며 분말을 만들어 여러 가지 식품으로 사용되기도 한다.

# 페루의 자연

## 안데스 산맥과 잉카 문명

페루는 안데스 산맥을 지닌 산악 국가로, 안데스 산맥은 남미 전체를 남북으로 관통하고 있다. 그 길이는 무려 7천여km에 이르며 남미 서부 해안을 따라 길게 뻗어 있다. 가장 넓은 폭은 700여km이며 평균 고도는 4,000m이다.

안데스 산맥은 북쪽으로부터 베네수엘라, 콜롬비아, 에콰도르, 페루, 볼리비아, 아르헨티나, 칠레까지 7개국에 걸쳐 있다.

가장 높은 산봉우리는 아콩카과 산으로 6,962m이고 다음은 오호스델살라도 산으로 6,893m이다. 그밖에도 피시스 산(6,793m), 우아스카란 산(6,768m), 일리마니 산( 6,438m), 침보라소 산(6,268m) 등

고산 봉우리들이 있다. 북미의 로키 산맥의 산들에 비하여 대단히 높은 산들이다.

페루의 잉카 문명은 안데스 산악에서 발달시킨 고대 문명으로, 15세기부터 16세기 초까지 중앙 안데스를 지배한 고대 제국이 설립한 문명이다. 잉카 족은 케추아 족이라고도 불리며, 아이마리 족(남방), 창카 족(북방)과 함께 페루의 거대 인디오 종족이다.

잉카 제국의 수도는 쿠스코(Cuzco)로, 리마의 동남쪽으로 580km 거리에 있었으며, 해발 3,400m의 안데스 산맥의 산중 도시였다. 13세기 초에 건설되어 16세기 중반까지 중앙 안데스 일대를 지배했다. '쿠스코'는 배꼽이라는 뜻으로, 티티카카 호수의 황금 지팡이가 꽂히는 곳을 의미한다. 1533년에 스페인의 피사로에 의해서 정복되어 멸망하였다.

쿠스코는 서태평양의 해양 기후와 사막 기후의 영향을 받음과 동시에 안데스 산맥의 3,800m 고산 기후에 영향을 받고 있어서 기후 변화가 심한 곳이다. 쿠스코에서 멀지 않은 아타카마 사막은 1년 내내 비 한 방울 내리지 않는 불모지이며, 반대로 이키토스는 아마존 강의 정글 기후를 가지고 있다.

마추픽추(Machupicchu)는 산 아래에서는 보이지 않아 공중도시라는 별명을 가지고 있다. 이곳에는 잉카 문명의 거대한 석축 문화가 유적으로 남아 있다. 해발 3,500m에 위치하는 삭사이와만 유적지의 거대한 돌들의 토목공사와 3,800m 고지의 탐보마차이라는 잉카

페루 마추픽추의 잉카 제국 유적

인들의 거대한 석축 유적 문화는 12세기에 평원의 거대한 돌을 높은 고산으로 옮겨서 성벽을 쌓은 것이다. 잉카 문명에서는 수레바퀴를 사용하지 않았기 때문에 불가사의한 토목공사로 평가받고 있다.

잉카 문명은 여러 가지 특성이 있으며, 이러한 찬란한 문명이 폐허의 흔적만 남아 있다. 이 문명에서는 수레바퀴를 사용하지 않아 경이로운 문명으로 평가되고 있다. 고산에 바윗돌을 움직여 성곽을 쌓고, 논과 밭을 석축으로 정리한 유적은 오늘날에도 이해하기 어려운 역사이다.

마추픽추는 12세기에 건설된 산악 도시인데 철기문화도 없고 문자도, 수레도 없는 산악 민족의 유적지로서 불가사의한 세계 유적이다. 따라서 수많은 설(說)로만 존재하는 도시이다. 그 당시에 잉카인 2천~3천 명 또는 8천 명이 이 도시에 살았다는 학설이 있다.

마추픽추의 유적지가 발견된 것은 1911년 7월 24일 미국의 역사학 교수 하이럼 빙엄(Hiram Bingham)에 의해서다. '마추'라는 말은 '늙은'이라는 뜻이며 '픽추'는 '봉우리'라는 뜻이다. 이것을 합치면 늙은 할아버지가 누워있는 산세 속에 세워진 고대도시라는 뜻이다.

이와 반대로 와이나픽추라는 고산이 있는데 '와이나'는 '젊은'이라는 뜻으로 깎아지른 고산이 즐비하게 서 있는 것을 가리킨다.

길이는 47km의 마추픽추 행 산악열차가 운행되고 있는데, 해발 2,000m의 아구아스 칼리엔테스(Aguas Calientes)에서 해발 2,800m의 오얀타이탐보(Ollantaytambo)까지 1시간 20분 걸리는 두 개의 역사이를 운행하는 이 열차는 1905년에 개통되었다.

　안데스 족인 원주민은 2만5천 년에서 3만 년 전에 알래스카를 거쳐 몽골인이 이주한 것으로 여겨진다. 그 근거로 그들은 몽고반점을 가지고 있으며, 특히 호미 등의 농기구 사용법이 유사하고, 아이를 업고 다니는 모습도 유사하다. 언어적으로도 안데스 원주민들은 케추아어語와 아이마라어語를 쓰는데 이것은 우랄알타이어語와 비슷하다.

　페루에는 다양한 박물관이 있다. 그중에서도 리마의 황금 박물관은 일본계 페루 사람이 개인적으로 설립한 박물관으로 페루국립박물관보다 잉카 유적을 10배나 많이 소장하고 있다. 이 박물관에는 유약으로 광을 낸 나스카(Nazca) 도기와 도기를 갈아서 빛을 낸 비

페루 리마 황금박물관의 유물들

쿠스(Vicus) 도기 종류가 있다. 잉카 문명에 있어서 '황금'은 '태양의 눈물'을 나타내고 '은'은 '달의 눈물'을 나타낸다.

8월 초에 이 지역을 답사하였을 때, 7~8월에 비가 많이 와서 일반적인 우기인 1~2월의 강물처럼 수위가 높고 수량이 많았다. 연 1,200mm의 강수량으로 고산의 많은 계곡의 물들이 모여 수량이 많아지고 도도하게 흐르는 큰 냇물을 이루고 강물을 이루고 있었다. 리오빌리카노타 강은 전력 생산을 하고 있었으며, 이 강물에는 여러 어류가 풍부하다고 한다. 특히 송어(Traut)가 많으며 메기(Cat fish), 파이체(Paiché, 3m 크기에 100kg에 달한다는 큰 물고기), 사발로(Sabalo), 피라나(Pirana), 잉어(Carpa), 정어리(Sardine), 돈셀라(Doncella), 등이 살고 있다. 산중에 흐르는 강물로, 강바닥에는 바위로 기복이 심하고 급물살을 이루고 있지만 파이체(Paiché) 같은 대어도 포획되고 있었다. 남미의 큰 강인 아마존 강이나 파라나 강에서 서식하는 어종들이 우기에 계곡물이 많아지면 고산준령인 마추픽추의 계곡까지 올라온다.

이곳에서는 경사가 심한 산악과 절벽에도 다양한 초본류가 자생하고 있으며, 고산 지대에서 화려한 꽃들이 피어나기도 한다. 이곳에는 3백여 종의 꽃이 자생하고 있다.

안데스 산악의 도로에서 보이는 푸나(Puna) 고원은 해발 3백~4백m의 넓은 구릉 지역으로, 농경지로 이용되고 있다. 이곳은 자연 경관이 독특할 뿐만 아니라, 농업 국가로서 페루의 면모를 보여 주고 있다. 페루에는 농경지가 전 국토의 15%를 차지하며 감자, 옥수수 같은 농산물을 대량으로 생산하고 있다.

마추픽추에서 가이드를 하는 대학의 관광학과 교수는 이곳의 역사와 문화에 대해 해박한 지식을 가지고 있으며, 영어와 불어도 능숙하게 구사한다. 손님들을 위해 이곳의 고유한 악기인 퉁소도 불어 주는데, 마치 알프스의 요들송의 한 부분처럼 들리기도 한다.

마추픽추 유적지에는 빨간 조끼를 입은 10세 정도의 고산족 후예인 '굿바이 소년'이 있다. 이 소년은 버스가 출발할 때 버스에 올라와 인사를 하고, 하차한 뒤, 구불구불한 버스길을 지름길로 뛰어 내려와 버스를 쫓아다니면서 버스 승객에게 곳곳에서 '굿바이 인사'를 한다. 하산 길목마다 손을 흔들며 만나는 것도 신통하고 신기하다.

마지막에는 버스에 탑승하여 팁을 달라고 하는데, 많은 승객들이 박수로 꼬마의 노력에 화답하며 흔쾌히 팁을 준다.

## 페루의 개요

페루는 1,285,216km²의 넓은 국토 면적에 인구는 2021년 기준으로 3,372만 명이고, 1인당 GDP는 6,621달러이다. 페루는 스페인어와 케추아어를 사용하는 가톨릭 국가로, '페루'라는 말은 '보석으로 뒤덮여 있다'는 뜻이다. 페루의 수도 '리마'는 동물 리마에서 유래한 이름이다.

리마는 해발 140~170m의 고도에 위치하며, 태평양의 영향을 받지만, 이곳에 부는 바람 때문에 건기를 피할 수가 없으며 엘니뇨 현상의 영향을 받기도 한다. 어떻든 페루는 개발도상국으로 국토의 60%가 정글을 이루고 있다.

1828년 7월28일에 스페인으로부터 독립한 페루는 산마르틴 총독이 독립을 선언하며 날아가는 플라밍고를 보고 국기를 빨강과 흰색으로 정했다고 한다. 페루의 인종 구성은 유럽계가 30%이고 스페인계가 7%, 메스티소(원주민과 백인의 혼혈)가 60%이다. 스페인은 페루를 350년 가량 지배했다.

남태평양 해안에 위치한 리마는 자연환경이 좋지 않으며, 독특한 기후대를 이루는데, 6월부터 11월까지는 거의 해가 뜨지 않는다. 특히 7~9월에는 월간 일조 시간이 28~37시간에 불과하다. 이것은 해가 뜨지 않는 것이 아니라 바다의 수증기가 햇빛을 막고 있기 때문이다. 한류인 페루 해류와 난류인 남적도 해류가 이 지역의 기후에 영향을 주며, 남극 환류가 페루 해류에 영향을 미치기도 한다. 이러한 해류로 인해 엘니뇨나 라니뇨 현상이 발생하며 리마 지역의 기후에 영향을 미친다.

리마의 연평균 기온은 19.2℃로, 가장 따듯한 2월의 월평균 기온

페루 리마 산비탈마을

은 22.7℃이고, 가장 추운 8월의 월 평균 기온은 16.2℃이다. 이것은 기온의 일교차가 적을 뿐만 아니라 연중 기온의 차이가 거의 없는 것이다. 그런데 연평균 강수량은 30mm 정도로 매우 적어 리마는 사막 위에 세워진 대도시라 할 수 있다. 그렇지만 지하수가 풍부해 가로수, 조경수, 공원의 수목 등에 용수를 공급해주므로 녹화에는 크게 지장이 없다. 즉, 리마는 지하수에 의존하는 인위적인 생태계가 조성되어 있다.

리마는 신시가지와 구시가지로 나뉘며 1천4백만 명의 인구 중에 8백여만 명이 빈민층이다. 리마 시에는 4백만 달러짜리의 부유한 집과 달동네, 깡통집, 판자촌 등이 공존하는데, 이는 페루의 경제적 불평등을 보여주며 리마 시의 심각한 문제 중 하나다.

리마의 주민들은 대부분 지붕이 없는, 짓다 만 미완성의 주거지에서 살고 있다. 이들은 벽돌을 찍을 수 있는 재력만 있으면 1층을 짓고 살다가 돈이 생기면 2층을 짓는다. 나아가, 할 수만 있다면 3층까지 늘려 집을 짓는다. 이곳 빈민들의 하루 평균 소득은 10솔, 즉 3달러 정도이다. 직종으로는 쓰레기를 수거하거나 식목을 하는 잡일을 하며 생계를 유지한다.

페루 사람들은 심성이 착하고 열심히 살려고 노력하며, 기질적으로 낙천적이다. 또 산에 낙서하는 것을 좋아해 빈민가에 근처의 산에는 '보아라. 이것이 현실이다'와 같은 글을 크게 써 놓기도 한다.

# 7장

## 유럽의 생태계

# 유럽 서론

 지구상 유럽 대륙만큼 다양하고 복잡한 자연환경을 가진 곳은 없다. 유럽은 남쪽으로는 지중해, 서쪽으로는 대서양, 북쪽으로는 북극해와 맞닿아 있으며, 동쪽으로는 코카서스(또는 캅카스) 산맥과 이스탄불을 경계로 아시아와 나누어진다. 또한, 알프스 산맥이 대륙의 남쪽 중앙에 위치하고 있다.

 유럽은 지형적으로 영국, 아일랜드, 아이슬란드, 그린란드 같은 섬들을 포함하고 있다. 이 중 아이슬란드와 그린란드는 북극과 가까워 빙하가 많은 섬으로 기후에도 큰 영향을 끼친다. 유럽의 면적은 약 2,305만km²이며, 많은 국가들이 모여 있어 고도로 발달한 인류 문화를 꽃피우고 있다.

 유럽의 북쪽에는 스칸디나비아 반도가 자리잡고 있는데, 서북쪽으로는 피오르fjord 지형을 이루고 있다. 이 반도의 남쪽에는 발트 해가 있으며, 이 지역의 식생은 한대 수림으로 인구 밀도가 적고 국민 소득이 높은 편이다. 또 바이킹들이 구축한 해양 문화가 발달한 곳이기도 하다.

이베리아 반도는 대륙의 남단에 위치하며, 스페인과 포르투갈이 자리잡고 있다. 아프리카 대륙과는 지브롤터 해협을 사이에 두고 있는데, 이 해협은 대서양과 지중해를 연결하는 중요한 곳으로 해류의 흐름, 어군의 이동, 국가 간의 군사적 요충지로서 중요한 역할을 한다.

유럽은 지중해안에서 아프리카와 아시아를 만나며, 이탈리아 반도와 그리스 반도 등을 포함하여 여러 바다로 나누어진다. 지중해안의 작은 바다들로는 리구리아 해, 티레니아 해, 아드리아 해, 이오니아 해, 에게 해 그리고 그와 연결된 흑해와 카스피 해가 있다. 지중해 연안에는 20여 개 나라가 위치하며, 기후가 좋아 살기 좋은 곳으로 알려져 있으며, 이에 따라 인류 문화의 근원지로 여겨지기도 한다.

유럽의 지붕이라고 일컫는 알프스 산맥은 프랑스, 이탈리아, 스위스 등 여러 국가에 걸쳐 있는 큰 산맥이다. 이 산맥의 최고봉인 몽블랑(Mont Blanc)은 프랑스에 위치하며 높이는 4,808m이다. 각 나라마다 독특하고 아름다운 자연환경을 지니고 있으며, 이 산맥을 중심으로 많은 산악 도시와 마을이 관광 산업에 종사하고 있다.

유럽에는 50여 개국이 있으며, 면적이 큰 프랑스, 스페인, 우크라이나 등의 나라와 안도라, 모나코, 바티칸, 산마리노, 리히텐슈타인 등의 초미니 국가들도 있다. 종교적으로는 가톨릭이 강세를 이루고 있으며, 다음으로는 신교 인구가 많은 기독교 문화권의 사회이다. 과학 기술의 발달이 첨단에 다다른 곳으로, 자유분방한 개인주의적 성향을 지니는 것이 특징이다.

# 스칸디나비아 반도의 자연

유럽 대륙의 최북단에는 스칸디나비아 반도가 위치하고 있으며, 동남쪽에는 대서양과 지중해를 접한 이베리아 반도가 있다. 지중해안에는 이탈리아 반도, 발칸 반도, 그리스 반도 등이 있다.

스칸디나비아 반도는 북쪽으로 북해, 노르웨이 해, 바렌츠 해와 연결되며, 남쪽으로는 내해인 발트 해로 둘러싸여 있다. 북해에서는 북극의 찬 바닷물인 한류가 내려오고 남쪽에서는 멕시코 만류가 북상하여 아이슬란드까지 기후에 큰 영향을 미치고 있다.

이 반도는 노르웨이, 스웨덴, 핀란드로 구성되어 있으며, 면적은 75만km$^2$이다. 반도의 길이는 약 1,850km이고 폭은 370~385km이다. 위도가 상당히 높지만 멕시코 만류의 영향으로 해수의 온도가

노르웨이의 피오르 해안

다른 해역보다 평균 22℃나 높고 해양성 기후의 영향권에 있다. 북쪽 해안의 지형은 아주 복잡하여 수많은 해협, 즉 피오르가 형성되어 있으며 작은 섬들과 함께 독특한 자연 경관을 지니고 있다. 멕시코 만류의 영향이 없었다면 한대의 동토대를 이루었을 것이다. 이러한 기후의 영향으로 자생력이 강한 전나무와 자작나무의 산림이 풍부하다.

노르웨이의 면적은 385,000km²이다. 인구는 2024년 기준 551만 명 정도로 인구 밀도가 1km²에 14명이다. 수도는 오슬로이며 현재 인구는 약 백만 정도로 추정한다. 종교는 개신교 중 루터교를 믿으며, 언어는 노르웨이 어를 사용한다. 1인당 국민소득은 대단히 높아서 2024년 93,000달러로 세계 3위이다. 이 나라가 잘 사는 이유는 북해에서 나는 원유를 수출하기 때문이지만, 주요 생산물은 수산물로 대단히 풍부한 어장을 가지고 있다. 과거에는 고래잡이의 본고장이기도 했다. 노르웨이 국민은 바이킹의 기질을 가지고 있으며, 최고급의 선박 제조 기술을 보유하고 있다. 또한, 산림 자원이 많아 펄프 산업도 발달해 있다.

노르웨이의 해안은 대대적인 피오르의 자연 경관을 이루고 있어 세계적인 관광지로 유명하다. 피오르는 제4 빙하기의 빙하가 녹으면서 지대를 침강시켜 만들어진 협만으로, 북쪽 바다가 거의 다 협만으로 이루어져 있다. 피오르는 각종 어족 자원이 풍부하게 서식하는 어장의 기능도 한다.

스웨덴은 45만km$^2$의 면적을 가진 큰 나라로, 스칸디나비아 반도의 중심 국가이다. 노벨상을 비롯한 여러 학술 분야가 발달해 있으며, 인구는 약 1,047만 명(2022년 기준)이고 인구 밀도는 km$^2$당 23명이다. 수도인 스톡홀름의 인구는 97만 명이며 스웨덴 어를 사용한다. 종교는 개신교이며 1인당 국민소득은 2021년 기준 61,028 달러이다.

이 나라의 주요 산업은 풍부한 산림 자원을 기반으로 한 목재, 펄프, 종이 등의 생산이다. 스웨덴은 발트 해의 북쪽 해안선을 거의 다 가지고 있으며, 수도 스톡홀름은 발트 해의 중앙에 위치하고 있어 해상 교통의 요지이며 스칸디나비아 반도의 문화적 중심지이다. 발트 해가 대서양과 소통하는 카테가트 해협은 스카게라크 해협을 통하여 대서양과 소통하고 있다.

핀란드는 338,000km²의 면적을 가지고 있으며, 실제로는 스칸디나비아 반도의 인접 국가라고 할 수 있다. 핀란드의 국토는 스칸디나비아 반도에 일부 속해 있지만 대부분은 유럽 대륙에 위치해 있다. 서쪽으로는 발트 해의 해안선을 일부 접하고 있으며 동쪽 내륙으로는 러시아와 국경을 이루고 있다. 이 나라의 자연 중 두드러진 것은 호수가 많고 자연환경이 아주 맑고 깨끗하다는 것이다. 인구는 554만 명이고 인구 밀도는 19명이다. 종교는 개신교이며, 언어는 핀란드 어를 사용한다. 수도 헬싱키에는 약 110만 명이 살고 있으며 1인당 GDP는 2021년 기준 53,654달러이다. 주요 산업으로는 역시 풍부한 산림 자원에서 얻을 수 있는 목재, 펄프, 종이 등이 있다.

# 아이슬란드의 자연

## 아이슬란드의 자연지리

이 나라는 유럽 대륙의 북방에 위치한 섬나라로, 멕시코 만류의 영향과 북극에서 밀려오는 한랭 기류가 만나 1년 내내 안개, 구름, 비, 바람, 눈 등으로 덮인 기후대에 속한다. 즉, 햇볕이 절대적으로 부족한 지역이다.

지질학적으로는 유라시아 판과 북아메리카 판이 만나는 지역으로, 마그마의 활동이 활발하여 지진과 화산이 자주 발생한다. 도처에서 간헐천을 볼 수 있으며, 2021년에는 수도 레이캬비크에서 남서쪽으로 30여km 떨어진 파그라달스퍄들 화산이 800년 만에 분출하기도 했다. 아이슬란드는 현재 100여 개의 화산이 활동하고 있는 화산 국가이다.

아이슬란드는 북극권에 인접해 있지만 기온은 1년 내내 온화하며 습도가 아주 높아 섬 전체가 마치 물에 젖은 듯한 느낌을 준다. 겨울에는 눈과 서리로 덮여 있으며, 빙하의 나라이기도 하다.

북위 65° 근처에 위치하며, 면적은 102,775km²로 남한보다 약간 크지만, 인구는 약 37만 명 정도이다. 빙하 면적은 23,805km²이고 호수의 면적은 2,757km², 고지대(산지)의 면적은 42,700km², 도로의 총 길이는 12,955km이다. 인구 밀도는 우리나라의 1/150에도 못 미치는 거의 불모의 땅이라고 할 수 있다. 언어는 덴마크 어와 아이슬란드 어를 사용하며, 종교는 가톨릭이다.

수도인 레이캬비크에는 약 12만 명이 살고 있으며, 주로 바닷가에 대소의 촌락이나 어촌이 형성되어 있다. 주요 업종은 어업이지만, 관광업이 크게 흥행하여 2017년에는 220여만 명이 방문하여 경제적으로 활력을 불어넣고 있다.

### 싱벨리어 국립공원

이 공원은 레이캬비크에서 52km 떨어진 곳에 위치하며, 유네스코 지정 세계 자연 문화유산으로 등재되어 있다.

이곳은 지질학적으로 매우 중요한 곳으로, 유라시아 판과 북아메

화산석의 평원으로 이루어진 싱벨리어 국립공원

리카 판이 만나는 지점이다. 매년 2~3cm씩 서로 밀어내며 땅이 갈라지고 있으며, 100년이 지나면 2~3m의 균열이 생길 것으로 예상된다.

공원 내에는 산과 계곡이 있으며, 계곡 양편에는 화산의 용암석이 자연스럽게 쌓여 있다. 지각 변동으로 생긴 틈에는 길이 나 있어 돌담길을 걷는 듯한 느낌을 준다.

계곡 아래쪽에는 화산석이 깔린 평원의 습지가 형성되어 있다. 화산석의 광활한 대지에는 대개 풀밭이 엉성하게 형성되어 있으며, 이것들이 모여 냇물이 되어 흐른다. 때로 낙차의 정도에 따라 크고 작은 폭포를 이루기도 한다. 이곳의 초지는 비교적 다양한 식생을 보이며, 화산석에는 대부분 이끼가 덮여 있다.

이끼로 뒤덮인 화산석의 평원이나 산에서 비, 구름, 안개, 물웅덩이, 연못, 개천 등의 물 환경이 어우러져 시야가 오리무중이 되는 독특한 자연 경관을 감상할 수 있다.

### 굴포스 폭포

굴포스 폭포는 레이캬비크에서 115km 떨어진 곳에 있으며, 싱벨리어에서는 1시간 정도 소요된다. '굴포스'라는 이름은 '황금 폭포'

'황금 폭포'라고 불리는 굴포스 폭포

라는 뜻으로, 폭포의 수량이 많고 낙차가 커 소리가 웅장하다.

이 폭포는 평원을 흐르던 강물이 일시에 지각이 갈라진 틈으로 곤두박질쳐 흐르는데, 높이는 32m이며 흘러 들어가는 계곡의 틈이 아주 좁은 것이 특징이다. 아이슬란드에서 낙차가 가장 큰 폭포는 모르사르이예클리(Morsárjökli)로 228m이다.

땅의 지층이 갈라져 푹 꺼진 초대형 크레파스에 엄청난 양의 물이 일시에 땅으로 떨어지는 굴포스 폭포는 마치 땅속으로 흡수되는 것 같은 장관을 연출한다. 이곳의 자연 경관은 평원의 강물이 사라져 버리는 것 같은 느낌을 준다. 이 폭포를 정면으로는 접근할 수는 없으며, 강물이 폭포로 떨어져 아주 순백의 포말을 만들어내는 것을 옆에서 볼 수는 있다.

수량이 풍부하여 수력 발전량이 많으며, 아이슬란드의 전력 공급에 큰 역할을 한다. 이곳은 싱벨리어 초원과 동일한 환경으로, 다양한 식물을 습지 환경에서 관찰할 수 있다. 아일랜드에서는 습지 생태학이 발달해 있으며, 이 나라는 거의 모든 것이 천연 상태로 남아 있어 자연 자원이 활용되지 않고 그대로 존재한다.

## 게이시르 간헐천

게이시르 간헐천은 싱벨리어 국립공원과 굴포스 폭포의 중간쯤

게이시르 간헐천

되는 거리에 있다. 활화산의 일부인 이곳에서는 땅속의 마그마가 지표면의 물과 만나 뜨거운 수증기가 부정기적으로 더운 물과 함께 지상으로 솟구쳐 오른다.

솟구치는 수증기와 뜨거운 물의 분수는 일정한 시간이 없으며, 몇 분에 한 번씩 또는 더 짧게나 더 길게 물줄기를 내뿜는다. 때로는 물줄기가 지상 50m까지 높이 올라가기도 한다.

이곳의 간헐천은 마그마의 열로 데워진 물을 몇 분 간격으로 불규칙하게 방출하며 수량도 분출할 때마다 다르다. 각각의 간헐천은 제각기 다른 크기와 형태로 화산 활동을 한다. 물방울만 볼록볼록 내뿜는 간헐천도 있고, 땅속 깊이까지 더운물로만 채워진 물웅덩이 간헐천도 있다.

한 간헐천은 웅덩이가 땅속까지 연결되어 있는데, 웅덩이 물이 매우 맑고 청색을 띠며 깊은 곳까지 비쳐 보인다. 끊임없이 수증기 물방울을 내뿜고 있으며, 사람들은 뿜어져 나오는 수증기를 깊이 들이마시면서 간헐천의 수증기욕을 즐긴다.

이 나라의 땅덩어리는 마치 구들장을 놓은 듯 뜨거운 지열을 가지고 있어 북극권의 한랭한 기온을 상쇄시키며, 겨울철에도 영하

5℃ 안팎의 비교적 따뜻한 기온을 보인다. 간헐천이나 화산 등의 열기는 직접적인 열에너지원이 되기도 한다. 이러한 환경은 햇빛이 절대적으로 부족할 뿐이지 식물이 생존할 수 없는 환경은 아니어서 나름대로 적응한 식물들이 어느 정도 녹원을 이루고 있다. 일 년 내내 혹독한 더위와 혹독한 추위가 없는 아이슬란드의 환경은 수증기의 나라, 동시에 물의 나라라고 할 수 있다. 이는 아이슬란드가 아직도 지각 운동과 화산 활동이 왕성하다는 것을 보여준다.

## 아이슬란드의 식생

아이슬란드의 화산 활동은 땅 표면을 온돌방처럼 덥히고 있다. 이는 깊은 땅속의 마그마의 열기가 발산되기 때문이다. 이로 인해 겨울과 여름의 온도 차이는 −5~5℃ 정도로, 사철을 두고 온도의 변화가 매우 적다.

흙이 있는 곳이면 어디든지, 돌 틈이나 바위 틈에도 식물이 자생한다. 광활한 평야에는 풀밭이 펼쳐져 있으며, 제비꽃, 클로버, 붉은 클로버, 여뀌류, 민들레, 물망초, 딸기, 고사리류, 들장미, 분홍바늘꽃, 안젤리카, 베리류, 버드나무류 등이 여기저기에서 쉽게 발견되며, 이들이 서로 엉켜서 군락을 이루기도 한다. 하지만 크게 웃자라는 종류는 거의 없는데, 이는 기후의 영향 때문이다.

이곳 동식물의 생태적 환경 요인은 나쁘다고 볼 수 없다. 다만 적은 양의 햇빛이 제한 요인다. 겨울철이 아주 길어서 햇빛을 거의 보지 못하기 때문에, 생태계의 성격이 독특하다.

아이슬란드의 땅 위에 존재하는 모든 물체는 항상 과포화 습기 속에서 살아간다. 이끼류는 지표면을 덮은 우점종으로, 화산석으로 덮인 지표면에 이끼가 왕성하게 자란다. 동시에 원시 생물인 남조류의 서식도 왕성하다.

돌 속에서 오랜 세월 자라는 남조류는 그 연륜이 매우 길다. 이 조류는 특히 화산석의 내부까지 침투하여 번식하기 때문에 생존 수령이 수백 년이나 된다. 남조류는 화산석뿐만 아니라 연못, 호수, 눈 녹은 물 또는 간헐천의 높은 온도에서도 자생할 수 있다.

높은 습도와 춥지 않은 온도에서는 곰팡이류도 많이 발생한다. 부족한 햇볕은 이곳의 주거 환경에 영향을 미칠 수 있지만, 난방 효과로 건조한 실내 환경을 유지하고 있다. 아이슬란드의 산야에서는 목본을 거의 찾아볼 수 없다. 수도 레이캬비크를 포함한 남부 지역에서는 산이 거의 보이지 않으며, 산이 있더라도 화산석이 많이 쌓여 있어 목초가 자랄 토양이 부족하다. 그러나 평원에 자연적으로 조성된 초지는 이 나라의 목축업 발전에 기여하고 있으며, 양들에게는 좋은 야생 목장으로 활용되고 있다.

화산석에는 이끼류가 많이 번성하고 있는데 이러한 이끼류는 양의 먹이로 이용된다. 따라서 천혜의 맑고 깨끗한 자연, 즉 오염원이 발생하지 않은 풀밭에서 양질의 육류가 생산된다는 평가가 있다.

아이슬란드의 생태계는 비교적 상세히 조사, 연구되었다. 권위 있는 국제 학술지에 대대적으로 특집을 발간한 것을 보면 학문 수준이 높다는 것을 알 수 있다. 북극권에 인접한 섬나라이고, 지질학적으로 유라시아 판과 북아메리카 판이 만나는 화산과 지진의 나라로, 해양, 지질, 환경, 생태, 기후 등 다양한 분야에서 독특한 자연현상을 지니는 지역이다.

## 아일랜드의 자연

아일랜드 섬은 면적이 7만km²로, 아일랜드 국가와 영국의 일부인 북아일랜드 지방으로 나뉘어 있지만, 자연환경은 하나의 섬으로서 동일한 생태계를 공유하고 있다.

아일랜드는 영국의 식민지였다가 독립하였으며, 인구는 약 503만 명이며 언어는 영어와 아일랜드어를 사용한다. 가톨릭 국가로서 GNP가 5만 불 정도로 부유한 편이며 수도는 더블린이다.

아일랜드 섬은 평화롭고 한가로워 보이고 아름답고 온후하며 목가적이고 낭만적인 자연환경을 가지고 있다. 이런 환경에서 많은 문필가들이 태어나 명작을 남기기도 했다.

수도 더블린에는 트리니티 대학이 있는데, 오랜 역사와 전통을 지닌 명문 대학으로 많은 고서를 소장하고 있는 도서관이 관광 명소

오랜 역사를 지닌 아일랜드의 명문 트리니티대학

로 개방되어 있다. 도서관 건물의 홀은 5m 정도의 높이를 지닌 서가에 고대의 서적들이 가득하다.

# 스코틀랜드의 자연

스코틀랜드는 위도상으로 북위 54~60° 사이에 위치하고 있어서 북반부에 가까운 지역이다. 따라서 인구 밀도가 아주 낮고 자연환경이 거칠고 황량한 자연 그대로의 국토이다.

스코틀랜드는 대영제국의 자치국으로 면적은 78,387km²이며 영국 섬 북쪽에 1/3 정도의 면적을 차지하고 있다. 이 나라의 국화는 엉겅퀴이며, 국가를 상징하는 동물은 유니콘이다. 인구는 545만 명 정도이며 수도는 에든버러이다.

이곳은 장로교가 창시된 곳으로 록의 질(Gile) 교회가 본거지이며, 스코틀랜드의 국교는 장로교이다.

스코틀랜드 왕국은 1706년 12월 31일까지는 독립 왕국을 이루고 있었으나 1707년 1월 1일부터는 잉글랜드 왕국과 연합왕국 법에 따라 대영제국의 일부분이 되었다.

스코틀랜드에는 명문의 대학들이 있다. 가장 오래된 대학은 세인트앤드루스 대학교이며, 그밖에 에든버러 대학교, 글래스고 대학교, 애버딘 대학교, 던디 대학교, 스털링 대학교, 글래스고칼레도니안 대학교 등이 있다.

글래스고 대학교는 1451년에 엘리자베스 1세가 세웠으며, 옥스퍼드 다음가는 명문 대학으로 많은 위인들을 배출했다. 증기 기관차를 개량한 제임스 와트, 최초의 항생제인 페니실린을 발견한 세균학자인 알렉산더 플레밍, 경제학의 아버지라 불리는 아담 스미스, 아프리카에서 노예해방에 활약한 데이비드 리빙스턴 등 많은 인물이 스코틀랜드의 글래스고 대학교를 졸업한 인물이다.

다른 한편으로 켈빈그로브 미술관과 박물관도 글래스고 대학과 인접해 있다. 미술관에는 유명 미술 작품이 상설 전시되고 있으며, 자연사 박물관에는 이 지방의 야생동물 표본뿐만 아니라 코끼리, 하마 등의 표본도 있고 해양 생물도 상대적으로 많이 전시되어 있다. 대형 어류에서부터 작은 어패류에 이르기까지 다양한 생물들을 볼 수 있다.

스코틀랜드 서북쪽의 대서양과 접한 해안은 많은 섬들로 다도해를 이루는 리아스식 해안으로 대소의 여러 만(灣)들이 형성되어 있다. 멕시코 만류가 북상하면서 이 지역을 통과하는데, 밀집한 섬들로 인해 회오리 해류를 만들기도 하고 역류하는 해안류도 있다.

 간만의 차가 커서 밀물과 썰물에 따라 갯벌의 면적이 크다. 이에 따라 서식하는 해양 생물군이 많이 관찰되는데, 특히 해파리가 두드러지게 많이 보인다. 이곳에서 관찰되는 해조류로는 갈조류가 많은데 모자반(Sargassum), 미역, 다시마, 파래 등이 대표적이다. 아이리시 바다를 접하고 있는 에어(Ayr) 지역은 아름다운 어촌 마을의 해양 경관과 해안 생태계를 보이고 있다. 멕시코 만류가 기후까지 지배하고 있으며, 이것은 영불 해협이나 프랑스의 연안에서도 비슷하게 나타나는 현상이다.

# 영국의 자연

## 영국의 자연지리

대영제국(Great Britain of Kingdom)을 간단히 영국이라고 부른다. 영국의 총면적은 24.3만km²이고 영국 섬의 면적은 23만km²로서 일본의 혼슈 섬(23.5만km²)의 면적과 비슷하다. 영국의 인구는 6,733만 명(2021년 기준)이며 영어를 사용한다. GNP는 4만6천 달러 정도이며 복지국가를 이루고 있다.

영국은 북위 50~60° 사이에 위치하며 유럽 대륙과는 영불 해협으로 나뉘며 최단 거리는 32km이다. 서쪽으로 아일랜드 섬(84,400km²)과는 자매 섬처럼 인접해 있다. 영국 섬은 남서쪽과 북서쪽으로는 대서양과 접하고 남쪽으로는 영불 해협으로 프랑스, 벨기에, 네덜란드와 접하고, 동쪽으로는 북해에 접하며, 원양으로 노르웨이와 접하고 있다.

영국은 잉글랜드, 웨일스, 스코틀랜드, 북아일랜드의 4개 나라가 연합을 하여 대영제국(Great Britain of Kingdom)을 이루었다. 이 4개 나라는 민족, 역사, 지역, 종교, 사회, 문화에서 차이를 가지고 있지만, 잉글랜드가 인구, 경제, 문화에서 절대적인 우위를 점하고 있다. 잉글랜드의 종교는 성공회이다. 각 나라는 독자적인 지위를 확보하고 있지만 독립적인 행보를 하고 있지는 못하다.

영국에서 잉글랜드와 가장 밀착되어 있는 연합국은 웨일스(Wales)이다. 이 나라는 켈트 문화를 이루고 있으며 인구는 313만 명 정도이고 면적은 20,779km²이다. 웨일스는 잉글랜드의 남서부 지역에 위치하며 아일랜드 바다와 접한다. 이곳은 리아스식 해안을 이루고 있으며 매우 아름다운 해안 경관을 지니고 있다.

영국은 자연환경상 농업 생산량이 부족하여 자급자족을 할 수 없는 척박한 국토를 지니고 있다. 위도상으로 겨울이 길어서 일조량이 부족할 뿐만 아니라, 멕시코 만류의 영향으로 혹독한 추위는 없지만, 안개와 비와 구름이 일상적인 환경이다. 그러나 초목의 성장은 왕성하여 전 국토가 녹화되어 있으며, 특히 영국 섬의 남쪽은 마치 정원의 숲속처럼 수목이 울창한 경관을 보인다. 런던의 공원에는 고목들이 이끼에 싸여 있어서 마치 수목원을 방불케 한다.

영국은 이러한 척박한 환경 속에서 일찍이 산업혁명을 일으켜 부를 축적했으며, 이를 바탕으로 대양으로 뻗어 나가 전 세계를 제패했다. 식민지를 개척하지 않은 대륙이 없었으며, '24시간 해가 지지 않는' 강력한 나라를 만들었다.

이러한 국력은 영국의 우수한 과학 기술과 문화를 창달하는 데 큰 역할을 했다. 그 결과 전 세계에 영어가 공통언어로 자리잡았으며 정치, 경제, 사회, 과학 등 어느 분야에서든 막강한 세력을 구축하고 있다.

세계 곳곳에 퍼져 있는 영국 연방 국가들이 과거 식민지였으며, 지금은 독립을 했어도 영어권의 블록을 형성하고 있다. 영국 섬의 핵심인 런던은 세계적인 대도시로서 부와 전통과 모든 것을 갖추고 있는 곳이다.

## 템스 강의 자연

런던 시내를 관통하는 템스 강(Thames)의 자연에 대해 살펴보기로 하자. 템스 강은 길이가 346km이고 강의 유역 면적은 13,400km²이다. 잉글랜드 지역에서는 제일 크고 긴 강이다.

이 강줄기는 런던에서 영불 해협까지만도 100여km의 거리이며, 바닷물이 들고 나는 조수의 차이는 무려 7m나 된다. 이런 조수의 차이는 영불 해협 전 지역에 대동소이하게 나타나는 현상이다. 조수의 차이가 세계적으로 가장 큰 곳은 역시 멕시코 만류의 영향권에 있는 프랑스의 생말로 지역으로 16m나 된다.

템스 강의 하구역은 대단히 넓으며 바다와 바로 연결되어 있다. 이에 따라 해수가 런던 시내의 강물까지 밀려들어 기수역을 이루고 있다. 이러한 커다란 간만의 차이는 야간의 선박 운행에도 영향을 미친다.

템스 강의 강물은 황토색을 띠고 상당히 탁하며 세스톤의 양이 많아 투명도는 낮다. 강에 설치된 교각이나 강 연안의 방파벽에는 물이 들고 나는 조수의 차이가 극명하게 나타나고 있다.

템스 강은 담수와 해수가 만나는 기수역으로, 다양한 생물들이 서식하고 있다. 특히 녹조류의 생육이 왕성하며, 이로 인해 강의 색깔이 녹색을 띠는 경우가 많다. 이러한 환경에서는 담수 생물과 해수 생물이 함께 서식할 수 있으며, 종의 다양성이 매우 높다. 조사에 따르면 템스 강에는 100여 종 이상의 물고기가 서식하며, 이는 기수역이라는 특성 때문이다.

한때는 템스 강의 오염이 극심하여 생태계가 완전히 파괴되었고 물고기가 떼죽음을 당하기도 했다. 그러나 강을 되살리려는 부단한 노력으로 현재는 자연 생태계가 회복되었다.

템스 강변에는 국회의사당 같은 역사적인 건물과 찬란한 현대 문명의 건물들이 즐비하게 들어서 있다. 그중 런던 아이와 타워 브리지 등 몇 개를 소개한다.

템즈 강변에 설치된 관람차, 런던 아이

**런던 아이**(London Eye) : 템스 강가에 설치된 원형 관람차로, 높이 135m, 직경 135m의 규모를 자랑한다. 원둘레가 무려 424m인데 여기에 32개의 대형 관람 캡슐이 설치되어 있어 런던 시내의 경치를 창공에서 조망할 수 있다. 1998년에 시공하여 1999년 12월 31일에 완공되었으며, 1년에 350만 명의 관광객이 찾는 대표적인 관광지 중 하나다.

**타워 브릿지**(Tower Bridge) : 런던탑 근처에 위치한 다리로, 1886년에 착공하여 1894년에 완공되었다. 도개교와 현수교를 결합한 형태로, 대형 선박이 지나갈 때에는 다리의 가운데를 양끝에서 들어 올리는 모습이 인상적이다. 야경이 아름다운 다리로 유명하며, 교각과 벽에는 템스 강의 수위가 간만의 차이로 크게 드러나는 것을 볼 수 있다. 이러한 조간대에서는 파래 같은 착생식물의 면모가 두드러지게 보인다.

템즈 강의 상징 중 하나인 타워브릿지

**국회의사당** : 영국의 국회의사당은 전 세계 의회정치의 효시라고 볼 수 있다. 이곳에 세워진 의사당 건물은 700여 년의 역사를 가지고 있으며, 부지는 무려 3만3천여$m^2$에 이른다. 의사당 앞 광장에는 영국의 역사와 관련된 유명한 위인들의 동상이 세워져 있다. 그중에는 영국으로부터 많은 고초를 겪었던 남아공의 대통령 넬슨 만델라의 동상과, 영국의 식민지 시절에 무저항 비폭력 독립운동을 이끈 간디의 동상이 있다. 또한, 제2차 세계대전을 승리로 이끈 처칠의 동상과, 백여 년 전에 최초로 여성 투표권을 획득하기 위해 많은 투쟁을 했던 밀리센트 포셋(1847~1929)의 동상도 있다. 이 밖에도 세계적인 위인들의 동상이 많이 세워져 있다.

영국 국회의사당(웨스트민스터 사원)

### 빅벤 광장

빅벤(Big Ben)은 웨스트민스터 궁전 북쪽 끝에 있는 시계탑에 달린 큰 종의 별칭이다. 처음에는 종의 이름이었으나 지금은 시계를 이르는 말이 되었다. 빅벤이라는 이름은 이 공사를 맡은 벤자민 홀 경의 공적을 기리기 위하여 붙여진 이름이다. 그러나 엘리자베스 2세 여왕의 즉위 60주년을 기념하여 2012년에 엘리자베스 타워로 개명되었다.

이 시계탑은 전체 높이가 106m이며, 시

빅벤 시계탑

계탑만의 높이는 95m이다. 종의 지름은 274cm이고 종의 무게는 13.5톤이다. 시계의 시침 길이는 2.7m이고 분침의 길이는 4.3m이다. 이 시계는 종소리와 함께 국제 표준시간을 정확하게 런던 시민에게 알려주고 있다.

## 영국의 문화와 유적

### 대영 박물관

세계 3대 박물관 중 하나로 꼽히는 대영 박물관(Museum of the Great Britain)은 영국 최대의 국립 박물관이다. 일반적으로 세계 3대 박물관이라 하면 파리의 루브르 박물관, 바티칸 박물관을 꼽지만

세계 3대 박물관 중 하나로 꼽히는 대영 박물관

3, 4위를 다투는 세계적인 박물관으로는 뉴욕의 메트로폴리탄 박물관, 대만의 고궁 박물관, 러시아의 상트페테르부르크의 에르미타주 박물관이 거론된다.

대영 박물관은 전 세계에서 수집한 많은 유물들로 가득하다. 인류 역사의 시작부터 현대에 이르기까지 인류사, 미술, 각종 문화의 유물을 800만 점 이상 소장하고 있다. 유물들 중에는 제국주의 또는 강대국의 힘으로 수집된 것이 많다.

### 그리니치 천문대

1675년에 설립된 왕립 천문대로 템스 강의 남쪽, 런던 동부에 위치하는 그리니치 구에 있다. 천문대는 경도 0도로서 지구 공간에 설정한 본초자오선의 원점인 동시에 시발점이다. 그리니치 시간(Greenwich Mean Time: GMT)은 전 세계에서 사용하는 표준시간이다. 시간과 공간, 이것은 항해와 항공뿐만 아니라 각종 좌표에 적용하며, 날짜 변경과 시차 변경에 있어서도 대단히 중요한 기준점이다.

세계 표준시간의 중심 그리니치 천문대

영국은 유목민의 포크와 나

이프의 문화를 갖고 있는데 일찍이 국민 의식 수준이 높고 과학 기술이 발달하여 이러한 근본적인 지구의 질서를 확립하였다.

### 옥스퍼드와 케임브리지 대학교

옥스퍼드(Oxford) 대학교의 표어는 '주는 나의 빛'(Dominus Illumintis Mea)이다. 옥스퍼드 시는 대학이 생기고 도시가 형성된 대학 도시이다. 옥스퍼드 대학교는 1096년에 개교하여 세계 최고의 명문 대학교로 발돋움했다. 2022년 기준으로 학부 학생은 12,683명이고 대학원생은 13,324명이다. 옥스퍼드 대학교는 인문계에서 타의 추종을 불허하는 명문이며, 옥스퍼드 시에는 수많은 건물과 대학들이 옥스퍼드 대학 군을 이루고 있다.

케임브리지 대학교(Cambridge University)의 표어는 '이곳으로부터 빛과 성배를(Hinc lucen et pocula sacra)'이다. 1209년에 개교하였으며 31개의 대학(college)들로 구성되어 있다. 2022년 기준으로 학부 학생은 13,645명이고 대학원생은 9,965명이다. 옥스퍼드와 쌍벽을 이루고 있지만, 노벨상 수상자의 배출은 무려 117명으로 세계에서 가장 많다. 세계 최고의 명문 이공계 대학교 중의 하나이다.

### 셰익스피어(1564~1616)

천부적인 언어 구사로 명작들을 남긴 셰익스피어는 1564년 4월 26일 옥스퍼드 근교 스트랫퍼드어폰에이번에서 태어났다. 그는 8살

연상인 부잣집 처녀인 앤 해서웨이(1556~1623)와 혼전 임신 후 결혼했다. 엘리자베스 1세의 총애를 받아 평생 부와 명예를 누렸던 그는 4대 비극인 『햄릿』, 『리어왕』, 『오셀로』, 『맥베스』를 비롯하여 『베니스의 상인』, 『로미오와 줄리엣』 등 뛰어난 작품들을 남겼다.

### 윈저 성

11세기 말에서 현재까지 사용되고 있는 세계에서 가장 오래된 성채 윈저 성(Windsor Castle)은 44,965m²의 규모를 자랑하며 윈저 왕가의 이름이 유래된 곳이다. 엘리자베스 2세 여왕이 왕래하며 사용하였던 왕궁으로, 다양한 미술품과 왕가 유물들을 전시하고 있다.

윈저 성은 세계에서 가장 오래된 성 중 하나이다.

수많은 관광객이 드나드는 대표적인 영국의 성채이다.

### 바스

런던에서 남서쪽으로 185km, 항구 도시 브리스톨에서 21km 떨어진 바스(Bath) 지역은 영국 유일의 자연 온천수가 나오는 온천 지대이다. 로마인이 이곳을 정복했을 때부터 사원을 세우면서 온천욕을 즐기던 곳으로 1987년에 유네스코의 세계 문화유산에 지정되었다. 마을과 건물 전체가 유적지로 남아 있어 독특한 매력을 느낄 수 있다.

### 스톤헨지

솔즈베리 평원에 우뚝 서 있는 선사시대의 거석 유적 스톤헨지

선사시대의 거석 유적 스톤헨지

(Stonehenze)는 높이 8m, 무게 50톤에 달하는 거석 80여 개가 고인돌 형태로 세워져 있다. 누가, 어떻게, 왜 만들었는지 아직까지 미스터리로 남아 있으며, 기원전 2800년에 시작한 고인돌 문화의 상징적인 유적이다. 현대의 기계문명으로도 불가능해 보이는 거대한 돌들의 배치는 놀라움을 자아낸다.

# 독일의 자연

## 검은숲과 라인 강

　독일 남서부에 위치한 거대한 숲을 '검은숲(Schwarzwald)'이라고 부른다. 숲이 울창하고 검은색을 띠고 있어 이러한 이름이 붙여졌다.
　검은숲 속에는 많은 산봉우리가 있는데 가장 높은 산은 높이 1,493m의 펠트베르크(Feldberg) 산이다.
　검은숲은 가로 60km, 세로 200km의 직사각형 형태를 띠고 있으며 면적은 6,009km²에 달한다. 이 숲의 우점종은 히말라야시다이고, 인공 조림으로 밀생하여 자라고 있다. 이로 인해 히말라야시다의 교목 밑에는 관목이나 초본이 거의 자라지 못하고 있다.
　검은숲은 철저한 관리를 통해 유지되고 있다. 연도별로 조림과 벌

운무에 싸인 검은숲의 모습

목을 순차적으로 진행하며, 이를 통해 임업을 발달시키고 생태학적 기초 연구에도 크게 기여하고 있다. 또한, 깨끗한 환경을 바탕으로 정밀산업이 발달하였으며 관광업도 성황을 이루고 있다.

 검은숲의 서남쪽으로는 라인 강이 흐르며, 산과 숲이 어우러져 아름다운 경관을 자랑한다. 라인 강(Rhein River)은 유네스코 세계 자연유산으로 등재되어 있다.

 숲의 국경 너머에는 스트라스부르 시가 위치해 있다. 지금은 프랑스 영토이지만, 역사적으로 프랑스와 독일과의 격전지로, 승자에 따라 국적이 바뀐 비운의 도시이다. 스트라스부르는 부유하고 과학 기술이 발달한 도시이며, 종교개혁의 본거지로서 개신교가 강한 도시이다. 빈번한 전쟁의 영향력으로 종교성이 크게 작용하는 곳이기도 하다.

이곳의 주민들은 프랑스어, 독일어, 영어는 물론 지방 언어인 알사스 어까지 구사할 수 있는 뛰어난 언어 능력을 지니고 있다.

라인 강의 길이는 1,232km의 다국적 하천으로, 유용 면적은 185,000km$^2$이며, 평균 유량은 2,300m$^3$/s이다. 강의 주요 발원지는 스위스 중부 알프스의 그라우뷘덴 주에 있는 토마 호수이다.

국제 하천인 라인 강은 독일, 이탈리아, 오스트리아, 리히텐슈타인, 스위스, 프랑스, 네덜란드를 거쳐서 북해로 흘러간다. 1992년에는 독일의 마인-도나우 운하가 건설되었는데, 이 운하는 북해의 노트르담에서 흑해의 술리나까지 유럽을 가로지르는 약 3천5백km의 수로가 일부 개통되었다. 이 운하를 통하여 9,180만 톤의 물동량이 이동하고 있으며, 동유럽 국가들에게는 대지를 적시는 젖줄인 동시에 산업 발전의 동맥 역할을 하고 있다.

### 마인 강과 괴테의 도시 : 프랑크푸르트

독일의 프랑크푸르트는 인구가 70여만 명으로 5번째로 큰 도시이다. 동서 냉전 시절을 거치며 항공 교통의 요지로 발달한 도시로, 도시 외곽에는 수많은 위성도시(Taunus)가 위치해 있어 총 인구는 560만 명에 이른다.

프랑크푸르트의 기후는 겨울철에는 흐리고 비가 오며 바람이 부는 날씨가 많다. 잠깐 해가 비치며 눈이나 진눈깨비가 오기도 하고, 습도가 높아 을씨년스러운 날씨가 대부분이다. 겨울철 기온은 비교적 온화하지만 영하 2~3도만 되어도 습도로 인하여 체감 온도상 추위를 느낄 수 있다. 대지에는 어느 정도 풀이 살아 있어서 한파는 없다.

프랑크푸르트 시에는 라인 강의 가장 큰 지류인 마인 강이 도시를 관통하고 있다. 마인 강의 길이는 524km이며, 프랑크푸르트의 경관을 이루고 산업에도 크게 기여하고 있다. 강변에는 다양한 문화 공간이 형성되어 있다. 크루즈와 선상 레스토랑이 강변에 즐비하며, 수변공원이 잘 가꾸어져 시민의 산책 및 문화 공간으로 활용되고 있다.

강변에 세워진 프랑크푸르트 대성당은 아름다운 경관을 자랑하며, 각종 박물관도 강변을 끼고 모여 있다. 여러 개의 다리 중 알테브뤼케(Alte Brücke)라는 다리는 마인 강의 흐름과 프랑크푸르트 시의 전경을 볼 수 있는 전망대 역할을 한다. 다리 난간에는 사랑의 맹세나 소망 같은 언약의 열쇠가 많이 걸려 있어서 눈길을 끈다. 마인 강의 수량은 상당히 많으며, 수색은 흑갈색을 띠고 있다. 강가에는 오리, 백조의 모습도 볼 수 있고, 수상 레져 스포츠를 즐기기도 한다.

프랑크푸르트의 관광지 중 하나인 뢰메르 광장은 ㅁ자 형태의 네

모난 광장으로, 주변 건물들이 눈길을 끌만큼 아름답다. 이 건물들은 주로 관광객을 위한 상점으로 기념품점, 카페, 맥주집, 아이스크림점 또는 일상생활용품점들이다. 광장의 바닥은 작은 돌을 박아 포장하였으며, 건물들은 5~6층 정도로 독특한 독일식 스타일을 하고 있다.

팔멘(Palmen)은 도심 한가운데 있는 식물원으로, 휴식 공간으로 인기가 높다. 열대 식물관에서는 아프리카의 선인장 종류와 상엽식물을 볼 수 있으며, 지구 전체의 대형 지구본을 서서히 회전시키면서 여러 가지 식생대를 표기하고 있다. 화훼관에서는 방향족 허브의 향기가 진해서 취하게 하는데, 다양한 종류의 튤립과 수선화가 한겨울에 만발하여 아름다운 꽃동네를 이루고 있다.

괴테 하우스는 프랑크푸르트에 위치한 괴테(1749~1832)의 생가이다. 괴테는 독일의 2대 문호 중 한 명으로,『젊은 베르테르의 슬픔』과『파우스트』등의 작품을 남겼다.『젊은 베르테르의 슬픔』은 1774년에 출판하여 큰 성공을 거두었는데, 괴테 자신의 내면 생활을 바탕으로 인간 본연의 감정을 다룬 작품이다. 샤를로테 부포와의 연애, 친구 예루살렘의 실연과 자살이 작품의 배경이 되었다고 하는데, 당시에 이 작품을 읽고 자살을 한 사람이 무려 2천 명이 넘는다고 한다.

또한 그는『파우스트』를 거의 평생에 걸쳐 완성하여 불후의 명작으로 남겼다.『파우스트』는 괴테가 쓴 희곡으로, 파우스트 박사가 악마 메피스토펠레스에게 영혼을 팔아넘기면서 일어나는 여러 갈등을 통해 인간의 구원 문제를 다루고 있다.

괴테는 문인일 뿐만 아니라 과학자, 정치가, 미술평론가로서도 명성을 떨치는 등 다양한 분야에서 천재성을 발휘하며 많은 업적을 남겼다. 18세기에는 영국의 산업혁명이 일어나는 등 세계적으로 큰 변화가 일어난 시기였는데, 이러한 시대적 변화 속에서 괴테는 자신의 분야에서 뛰어난 성과를 거두었다.

프랑크푸르트에는 괴테 대학교가 있다. 괴테 대학교는 100여 년 전에 설립되었으며, 사회과학대학과 자연과학대학으로 구성되어 있다. 노벨상 수상자를 총 19명 배출하였는데, 물리학 분야에서는 6명, 화학 분야에서 4명, 생명과학 분야에서 3명이 배출되어 자연 과학 분야의 연구에서 혁혁한 업적을 남겼다. 이 대학에는 세계적으로 유명한 막스 플랑크(Max-Plank) 연구소가 있어서 자연 과학 분야의 연구를 선도하고 있다.

## 코블렌츠와 로렐라이

코블렌츠 시는 인구가 1만 명 정도의 작은 도시이지만 아름다운 고성이 많아 경관이 아름다운 지역이다. 라인 강과 모젤 강이 합류하는 곳에 위치하고 있어 두 강의 아름다운 경치를 함께 감상할 수 있다.

강 너머로 보이는 로렐라이 언덕

프랑크푸르트에서 코블렌츠까지 라인 강을 따라 이어지는 자연 경관은 대단히 수려하고 아름답다. 라인 강변에는 중세 시대의 고성들이 자연림 속에 드문드문 자리잡고 있다. 대개 폐허가 된 상태이지만, 자연림과 어우러져 그림 같이 아름다운 면모를 지닌다. 마치 프랑스의 루아르 강변에 있는 성곽들과 비슷한 모습이다. 그러나 프랑스의 성들이 관리가 잘 되고 조경도 잘 되어 있어서 더 정돈된 느낌을 준다.

코블렌츠에서는 케이블카를 이용해 라인 강과 모젤 강의 아름다운 경관을 감상할 수 있다. 케이블카는 두 강이 합류하는 지점에 설치되어 있으며, 코블렌츠의 대표적인 관광 명소 중 하나이다. 이처럼 코블렌츠는 자연과 역사가 어우러진 아름다운 도시로, 많은 관광객들에게 사랑을 받고 있다.

라인 강은 수량도 상당히 많고 풍모가 당당하며, 지류인 마인 강이나 모젤 강에 비해 규모가 크다. 코블렌츠 시에서 라인 강과 모젤 강이 합류하는 지점에서는 두 강의 물 색깔이 전혀 다르게 보인다. 모젤 강은 탁류를 이루어 황토색을 띠는 반면 라인 강은 완전히 파란 청색을 띤다. 두 강이 합쳐지는 부분은 마치 줄을 쳐놓은 듯 각기 다른 색깔을 띠는데, 이곳을 도이체스 에크(Deuches Eck) 라고 한다.

라인 강은 국제하천으로서 수많은 화물선이 왕래하는 유럽의 주요 교통로 중 하나이다. 선박에서 매연이나 오염물질의 배출이 보이지 않는 것은 강의 수질과 생태계를 보호하기 위해 다양한 노력을 기울이기 때문이다. 20년 전만 해도 강물이 탁하고 선박의 매연이 심했는데, 지금은 선박이 전기를 사용하여 운행되어 청청하다. 스크류에서 생기는 물줄기나 물거품도 적어 보이며, 물의 외형적인 청정도로 볼 때 적조 현상도 없어 보인다.

라인 강의 한편에는 기찻길과 로맨틱 가도의 도로가 나란히 놓여있다. 이 구간은 아름다운 경관으로 유명하며, 산들이 모여 겹치는 부분에서는 강물이 산을 돌아 급물살을 이루는 로렐라이 언덕이 있다.

로렐라이 언덕은 아름다운 경관과 거센 물살로 인해 선박의 운행이 위험한 수역으로 알려져 있다. 이곳을 지날 때 선원들이 경치에 취해 넋을 잃는 바람에 사고가 자주 발행했는데, "이것은 아름다운 요정에 홀려서"라는 전설이 있으며, 시인 하인리히 하이네의 로렐라이 시로 더 유명해졌다.

주변 구릉 지대는 경사가 심해 산자락에 만들어진 다랑이논을 연상케 하는 포도 과수원이 조성되어 있다. 포도나무가 강물에 반사되는 햇빛까지 흡수함으로써 질 좋은 포도를 생산하며, 최상의 포도주를 만들어내는 곳으로 이름이 나 있다.

강 위에 케이블카를 놓아 반대편의 구릉과 연결했는데, 여기에도 커다란 성곽이 있다. 이 성곽은 과거 감옥으로 사용되었으나 현재는 관광 단지로 조성되어 박물관으로 활용되고 있다. 박물관 내부에는 옛날부터 포도주를 생산하던 실험 공정도 전시되어 있어 라인 강 유역의 역사와 문화를 체험할 수 있다.

## 빌레펠트 시의 자연

빌레펠트(Bielefeld)는 자연 녹지의 숲과 호수의 환경 속에 있는 작은 도시로, 대단히 아름답고 평화로운 곳이다. 숲을 이루는 나무들은 고색창연한 둥치에 이끼를 얹고 있으며, 곳곳에 원시림 같은 숲이 자연 속에 생성, 소멸하는 생태계를 이루고 있다.

시내 곳곳에는 플라타너스, 마로니에, 참나무, 보리수 등의 고목들이 서 있으며, 이 나무들은 마을의 광장에도 자리잡고 있다. 수목들은 잘 가꾸어져 있는데, 숲이 조성된 곳에는 연못이 있어 오리와 백조의 대량 서식지로서 평화로운 분위기를 자아낸다.

도심 속에는 도처에 공원이 조성되어 있다. 그중 뷔어거 파크

어린이들의 생태학습장으로도 이용되는 뷔어거 파크

(Bürger Park)는 규모가 작지만 아주 훌륭한 생태공원을 이루고 있다. 거목의 플라타너스가 숲을 이루고 있고, 거목의 마로니에가 어깨를 겨루듯 나란히 커다란 타원형의 숲을 이루고 있다. 공원 안에는 꽃만 기르는 화원이 따로 조성되어 있다. 넓은 잔디밭에서는 주민들이 일광욕을 즐기며 휴식을 취하고, 어린이들은 놀이터에서 자연을 학습하거나 모래 놀이, 물놀이를 즐길 수 있다. 공작, 금계, 닭, 꿩 등도 기르고 있어서 어린이의 자연 학습장으로도 활용된다.

이 도시는 식물원(Botanical garden)도 잘 조성되어 있다. 규모는 크지 않지만 큰 나무들이 있고, 숲속의 조용한 환경 속에 산책길이 나 있고 화원도 있으며 연못에서 연을 기르기도 한다. 소나무, 메타세쿼이아, 참나무, 히말라야시다, 밤나무 그리고 산목련, 철쭉 등이 주종을 이루고 있다.

숲속의 동물원에서는 어린아이들이 각종 동물을 자연스럽게 접촉하면서 놀 수 있도록 학습장이 조성되어 있다. 어린아이들은 소, 양, 돼지, 염소 등을 직접 만져 보고 먹이도 주면서 이야기도 주고받는다.

빌레펠트 시는 친자연적인 도시 환경을 잘 관리하고 있으며, 고풍의 성곽도 잘 보전하여 관광 자원으로 활용하고 있다. 성문 앞에는 보통 거목이나 정서적으로 의미가 있는 보리수가 심겨 있다.

### 포츠담의 자연과 역사

포츠담은 베를린 시를 둘러싸고 있는 브란덴부르크 주의 행정도시로, 시의 면적은 187km², 인구는 약 17만 명, 인구 밀도는 1km²당 9백 명이다. 1685년 네덜란드와 프랑스의 위그노(청교도)들이 이주하여 형성된 도시로, 대단히 조용하고 평화로우며 부유한 도시로 알려져 있다.

포츠담은 제2차 세계대전의 역사적인 장소로도 유명하다. 1945년 7월 17일부터 8월 2일까지 2주간에 걸쳐 미국의 트루먼, 영국의 처칠, 러시아의 스탈린이 체칠리엔호프 궁전에서 회담을 개최하여 전후 처리 문제를 논의했다. 전쟁에서 승리한 장수들의 기세등등하고

포츠담 회담이 열린 체칠리안호프 궁전

거드름을 피우는 표정들을 소장하고 있는 기념관이기도 하다.

　이 회담에서 독일의 무조건 항복이 결정되었으나 일본이 항복을 거부하여 8월6일에 히로시마에, 8월9일에는 나가사키에 원자폭탄이 투하되었다.
　일본은 8월14일에 항복을 하였으며 일본 천왕 쇼와는 8월 15일 12시에 무조건 항복 선언을 하였다. 그리고 9월 2일에 요코하마에 정박하고 있던 미주리 전함 위에서 일본의 외무대신인 시게미쓰 마모루가 정식으로 항복 문서에 서명함으로써 제2차 세계대전이 마무리되었다.
　독일 분할 통치로 동독 정권이 수립되면서 포츠담은 동독 치하의 도시가 되었다. 제2차 세계대전의 전후 처리와 모든 진행 과정은 동서 냉전과 지구상의 지도를 바꾸는 엄청난 파장을 가져왔다.

포츠담 회담에서는 한국의 독립에 대해서 전혀 언급되지 않았다고 한다. 일본의 식민지였던 한국은 이곳의 회담에서 독립을 인정받지 못하다가, 1945년 8월 15일 일본의 항복 선언 이후에야 독립을 인정받았다.

### 베를린의 홀로코스트

독일의 수도 베를린은 세계적인 대도시로 유구한 역사를 지니지만 인구는 450만 명 정도이다. 독일의 대도시로는 함부르크(180만 명), 뮌헨(145만 명), 쾰른(100만 명) 등이 있다.

베를린에 있는 홀로코스트기념물

베를린 시내에는 수많은 유적지와 명소들이 있다. 화려하지 않고 대단한 건축물이 들어서 있지도 않지만 도시는 품위가 있고 차분해 보인다. 대통령의 집, 수상의 집 등의 공간은 숲속에 있는 것처럼 조용하고, 오페라하우스도 화려하지 않지만 내실이 있다. 여러 개의 교회가 모여 있는 시가지와 훔볼트 대학교, 베를린 자유대학교 같은 대학가의 면모도 볼 수 있다.

베를린의 기후는 유럽 내륙에 위치하여 겨울철에는 흐리고 바람이 불고 진눈깨비가 오는 일기가 반복된다. 북해와 가까운 지역에서는 편서풍으로 인하여 멕시코 만류의 해양성 기후가 나타나는데 베를린의 기후도 이와 유사하다. 베를린의 1, 2월 최고 기온은 3~4℃이고, 최저 기온은 -2℃이다. 베를린 지역의 연간 강수량은 600mm로서 연중 고른 분포를 보인다.

제2차 세계대전의 패망으로 동서독의 분할이 있었으며, 지금은 베를린 장벽이 무너지고 그 자리에 작은 돌들로 분할의 흔적을 선으로 표시해 놓았다. 대로가 갈라져서 막혔던 장막이 없어지면서 분할의 흔적 위로 많은 자동차들이 질주하고 있다.

히틀러는 폴란드의 아우슈비츠에서 유대인을 백만 명 이상 학살하였으며 유럽 전역에서 6백만 명 가량 학살하였다. 유럽에 거주하던 유대인 9백만 명의 2/3 수준이다. 어린이를 100여만 명, 여자를 200여만 명, 남자를 300만 명 가까이 학살하였다. 그 밖에 슬라브족을 대대적으로 학살하였으며 정치범, 장애인, 동성애자, 집시에 이르기까지 총 1천1백만 명을 학살한 전대미문의 살인을 자행하였다. 홀로코스트 기념비는 히틀러가 유대인을 학살한 것을 기념하는 침울한 기념비로, 베를린 시는 나치 시대의 잘못을 영원히 지고 살아가야 하는 운명임을 느끼게 한다.

베를린의 상징 브란덴부르크 문

### 엘베 강의 도시, 드레스덴과 전쟁의 참화

드레스덴(Dresden)은 폴란드와 체코의 접경 지대에 위치한 도시로, 전통적이고 유서 깊은 부유한 도시 중의 하나이다. 이곳에는 교회, 성당, 옛 왕궁 등 찬란하고 고색창연한 건물들이 문화적으로 무게를 느끼게 한다.

제2차 세계대전 때 미국과 영국의 집중 포격을 받아 건물의 80%가 파괴되고 많은 시민이 희생된 비극의 역사를 지니고 있다. 참담

드레스덴 성모교회의 야경

한 전쟁의 상처를 딛고 시민들이 성금을 내서 잔해를 주워 모아 옛 모습으로 재건한 도시로 시민 정신이 위풍당당해 보인다. 종교적 색채가 강한 도시로, 성모 성당 앞 광장에는 마르틴 루터의 동상이 세워져 있다.

드레스덴 시의 대표적인 건물로는 츠빙거 궁전이 있다. 작센 바로크의 대표적 건축물로, 1732년의 아우구스투스 1세의 여름 궁전으로 지어졌다. 재건한 황금빛 돔은 영국이 파괴한 데에 대한 사죄의 뜻으로 기증한 것이다.

드레스덴 성모교회의 높이는 95m나 되는데 독일에서 가장 중요한 프로테스탄트 교회 중의 하나이다. 대성당은 바로크 양식의 궁전 건물이다. 다른 한편 젬퍼 극장은 명문 오페라극장으로 네오르네상스 풍의 건물이다.

성당과 교회의 한쪽으로는 엘베 강이 흐르고 괴테가 즐겨 명상을 하며 거닐었다는 부킬의 테라스가 있고 엘베 강을 따라 카페촌이 형성되어 있다. 엘베 강은 폴란드와 체코의 국경지대인 니젠 산맥에서 발원하여 체코의 북부와 독일의 동부를 흘러서 함부르크 인근의 북해로 유입되는 하천이다. 이 강의 길이는 1,091km이고 유역 면적은 148,268km²이다.

## 하이델베르크와 독일인의 문화

하이델베르크는 독일 남서부 바덴뷔르템베르크 주에 위치한 도시로, 인구는 약 16만 명(2019년 기준)이다. 라인 강의 지류인 네카르 강변에 위치해 있으며, 아름다운 자연환경과 중세 시대의 성곽, 대학 등으로 유명한 관광도시이다.

하이델베르크는 1386년에 설립된 하이델베르크 대학의 분위기로 인하여 낭만적이고 환상적인 젊은이들의 도시가 되었다. 『황태자의 첫사랑』이라는 마이어 푀르스터의 소설은 젊은 학생들의 낭만을 그리고 있는데, 세월이 지난 지금도 그 분위기에 젖어 있는 듯하다. 칼스버그의 황태자가 하이델베르크 대학에 입학하여 하숙 생활을 할 때 하숙집 소녀와 사랑에 빠졌는데, 부왕이 서거하자 왕위를 승계하면서 이웃 나라 공주와 결혼을 하게 된다. 한때 황홀하였지만 이루지 못한 소녀의 신데렐라 같은 사랑 이야기이다.

프리드리히 막스 밀러가 1856년에 쓴 소설 『독일인의 사랑』은 독일인의 정서를 보여주는 작품으로, 맑고 깨끗한 사랑 이야기가 시대를 넘어 오늘날에도 읽히고 있다. 이 소설에 등장하는 마리아는 병약하여 짧은 인생을 살다 갔지만 마음 깊이 내재되어 있는 지고지순한 사랑이 시대를 넘어 오늘날에도 감동을 주고 있다.

하이델베르크는 독일의 문학과 음악의 중심지로도 알려져 있다. 칸트, 괴테, 쉴러 등의 철학자와 작가들이 활동했으며, 베토벤, 슈베르트 등의 음악가들이 이곳에서 작품을 만들었다.

독일 하면 일상생활에 과학이 접목되어 있고, 정밀기계처럼 정확하고, 군대의 헬멧처럼 딱딱하며, 때로는 히틀러의 나치처럼 잔인한 민족이라는 선입견을 가질 수 있지만, 독일의 예술에는 부드럽고 순수한 자연주의적 정서가 내재되어 있어서 더없이 훌륭한 명작의 고향이기도 하다.

독일은 프랑스와 국경을 접한 이웃 나라이지만 자연환경과 언어가 많이 다르다. 우선 독일어는 발음 자체가 부드럽지 못하고 유머나 위트가 없어 보인다. 반면에 프랑스어는 비음이 발달하여 언어 자체가 부드럽고 예술적인 느낌을 준다. 그러나 독일에도 문학과 음악의 기라성 같은 거장들이 있고, 프랑스에도 뛰어난 수학자와 과학자들이 배출되었음을 볼 수 있다.

필자는 1965년경, 하이델베르크 대학교의 헤르만 헤쓸러 교수와의 인연으로 그에게 몇 년 동안 한국산 나비를 채집하여 보내주었다. 여름이면 일요일마다 나비를 잡는 데 열중했고, 이를 계기로 독일 유학을 꿈꾸고 독일어를 열심히 공부하게 되었다. 하지만 독일 유학이 거의 실현되었을 무렵 국제적으로 동백림사건이 발생하였고 유학도 무산되고 개인적으로 큰 스트레스에 시달린 적이 있다. 그 당시 공부한 독일어 덕분에 고등학교에서 독일어 교사도 2년간 한 적이 있다. 많은 세월이 흘렀어도 하이델베르크 대학교와 나비에 대한 추억은 가슴 속에 남아 있다.

# 폴란드의 자연과 아우슈비츠

## 폴란드의 개요

폴란드는 서쪽으로 독일, 남쪽으로 체코와 슬로바키아, 동쪽으로 우크라이나, 벨라루스, 러시아와 국경을 마주하고 있다. 북쪽으로는 발트 해를 끼고 있는데 바다 건너 이웃하는 나라로는 덴마크와 스웨덴이 있다.

폴란드는 북위 48.7~55.2° 사이에 위치하며, 강대국인 독일과 러시아 사이에 끼어 참담한 비극의 역사를 지닌 나라이다. 남북의 길이가 649km, 동서가 689km, 면적은 312,679km²이며 인구는 3,775만 명 (2021년) 정도이다. 이 나라 사람들은 자기들의 언어를 가지고 있다는 것을 대단히 자랑스럽게 여긴다. GNP는 2만 달러 미만이지만 사회복지 시설과 의료 시설이 매우 잘 갖추어져 있고 국민의 생활 수준이 높은 편이다.

폴란드의 수도 바르샤바는 국토의 중앙부에 위치하며, 1596년에 남부에 있던 당시의 수도 크라쿠프에서 이전했다. 인구는 186만 명 정도이고 면적은 517km²이며, 제2차 세계대전 때 도시 전체가 거의 파괴되었지만 재건되었다. 전쟁의 피해가 크고 국토가 학살 장소로 이용되었기 때문에 도시 분위기는 다소 침체해 있는 듯 보이지만, 곳곳에 위인들을 기리는 동상이 있어 시민들의 정신은 건강해 보인다.

제2의 도시 크라쿠프 시(면적: 327km²)에는 야기엘론스키 대학이 있다. 이 대학교는 1364년에 유럽에서 가장 먼저 설립된 고등교육 기관중의 하나로, 지동설을 주장한 코페르니쿠스가 다닌 대학이며, 대통령을 비롯한 저명한 인사들을 배출한 명문 대학이다.

크라쿠프 시 인근에 있는 비엘리치카에는 소금 광산이 있다. 세계 최초로 암염을 생산해 낸 광산으로 갱내에는 폴란드의 역사를 담은 위인들의 조각상과 예수의 일생을 보여주는 암염 조각상이 광장에 설치되어 있다. 이 광산은 폴란드의 경제를 일으켜 세운 원천으로, 현재는 소금 채광을 중지하고 관광 명소로 활용되고 있다.

바르샤바에서 360여km 떨어진 독일에 가까운 브로츠와프 시(면적 293km²)의 리넥 광장에는 165개의 난쟁이 조각상이 거리 곳곳에 숨겨져 있다. 독일 치하에 있을 때 공산주의에 반발하여 자유를 갈구하는 시민들이 우회적으로 체제를 비판하기 위해 몇 개만 만들었다가 조금씩 늘어나 지금은 상당한 수가 되었다. 외국인에게 인기가 많아 관광 명소로 각광받고 있다.

폴란드 출신의 주요 인물로는 마리 퀴리를 들 수 있다. 폴란드에서 태어나 프랑스에서 공부했지만 라듐과 폴로늄 원소를 발견해 노벨 화학상을 두 번이나 수상했다. 마리 퀴리는 불행히도 폴란드가 러시아의 지배를 받을 때 태어나 프랑스에서 유학했고, 프랑스로 귀화했지만 폴란드가 내세우는 빛나는 인물이다. 그를 기리는 박물관이 바르샤바에 있다.

폴란드가 배출한 또 다른 인물로는 쇼팽(1810~1849)이 있다. 위대한 작곡가인 그는 폴란드인이 추앙하는 음악의 대가로, 바르샤바 국제공항은 그를 기리기 위해 쇼팽 공항이라고 불리고 있다. 종교성이

바르샤바의 거리 곳곳에서 난쟁이 인형을 발견할 수 있다.

강한 폴란드인 대부분은 가톨릭을 믿으며, 교황 요한 바오로 2세 또한 폴란드 출신이다.

## 폴란드의 자연

폴란드는 지역적으로는 한대 지방에 속하지만, 기후적으로는 상당히 온화한 온대 지역이다. 이 나라의 대체적인 기후는 습한 대륙성 기후대로서 여름에는 평균 기온이 16.5~20℃이고, 겨울에는 -6~0℃이다. 그러나 남부 내륙의 겨울 기온은 상당히 춥기도 하다. 강수량은 남부 지역은 1,000~1,100mm이고 중부에서는 600mm 정도가 내린다.

폴란드의 북쪽 지방은 발트 해를 접하고 있어서 바다의 영향을 받는다. 발트 해는 북해와 연결되어 있지만, 북해와 달리 멕시코 만류의 직접적인 영향을 받지 않는다.

발트 해는 폭이 비교적 좁고 길이가 상당히 길어서 북극권까지 이어지는 내륙의 바다이다. 북해와 접하는 만구의 해역에는 섬들로 막혀 있어서 수로가 아주 좁은 편이다. 따라서 대서양이나 북해와는 완전히 분리되어 있는 해역이라고 할 수 있다.

스웨덴과 핀란드에 위치한 보트니아 만, 핀란드 만, 리기 만 등의 해역은 해수의 유동이 발트 해의 중앙 수역으로 신속하게 이루어질

수 없는 지형을 하고 있다. 발트 해는 북해의 영향권을 가진 해역, 발트 해의 중심 해역. 그리고 스웨덴의 북쪽 한대 해역 등 지역이나 기후에 따라 서로 다른 해양 생태계를 이루고 있다.

폴란드는 광활한 농토를 지닌 농업 국가이다. 농지 면적은 15만 km²로서 국토 면적의 48%에 해당한다. 주요 농산물로는 밀, 보리, 호밀, 귀리 등이 있고 가축으로는 소, 양, 염소 등이 있다. 최근에는 국가 시책으로 뛰어난 항산화제의 기능을 지닌 아로니아를 대량으로 재배하고, 열매를 분말로 가공하여 수출하고 있다.

## 나치의 강제 수용소

아우슈비츠는 폴란드의 수도 바르샤바에서 서남쪽으로 300km 가량 떨어져 있고, 제2의 도시 크라쿠프 시에서는 서쪽으로 70km 떨어진 곳에 위치하며, 체코와 슬로바키아 국경과도 멀지 않다. 이곳은 전형적인 대륙성 기후대에 속하여 겨울철에는 바람이 강하며, 눈이 많이 쌓이는 황량한 벌판이다. 특히 겨울철에는 일조 시간이 짧으며 흐린 날이 많아서 스산하고 음울한 분위기를 자아낸다.

이곳은 히틀러가 1940년 4월에 명령하여 6월부터 수용한 제1 강제 수용소로서 나치에 반대하는 지성인들, 교수, 교사, 정치인과 옛

아우슈비츠 수용소의 모습

소련군 포로, 동성애자, 정신장애자, 유대인을 수용하고 이들을 학살한 곳이다.

    제2 수용소는 아우슈비츠에서 3km 떨어진 부제진카라는 곳에 1941년 10월에 건설되었다. 이곳에는 대규모의 가스실이 네 곳 있었고 시체 소각로를 완비한 '전멸 수용소'였다. 나치가 점령한 지역 곳곳에서 화물차에 유대인을 빼곡하게 실어 수송하였는데, 수송 기간이 여러 날 걸릴 때에는 80%가 이미 사망하였고, 살아남은 사람 중에는 일할 수 있는 사람과 일할 수 없는 사람으로 나누어 후자는 청산가스 치클론B라는 독가스실로 밀어 넣어 살해하고 소각하였다. 일할 수 있는 사람은 일을 시키고 나서 살해하였는데, 이들은 사람으로서의 기본적인 인권은 물론 동물 학대에도 미치지 못하는 악행에 희생되었다.

숙소로 말 두 마리가 서 있을 정도의 공간에 삼층으로 된 나무 칸을 만들어 수용했다. 한 층에 30명씩 자게 했는데 자는 공간이 너무 좁아 한쪽으로 누워 겹쳐 자야 했으며 혹독한 추위에 밀착된 체온으로 추위를 견디며 겨우 생명을 유지해야 했다. 아주 조그만 세면 구덩이를 수십 개씩 가지런히 만들고 일시에 많은 사람이 동시에 대소변을 보도록 했다. 너무 추워 살이 찢어지는 고통 속에서 이들의 소망은 자유나 생존보다 가혹한 추위와 굶주림에서 벗어나는 것이었다. 어떠한 동물도 견딜 수 없는 상황이었으며 상상도 할 수 없는 악마적인 학살로서 제2 수용소에서는 생존자가 한 명도 없었다고 한다.

제3 수용소는 1942년 10월에 모노비츠라는 곳에 건설되었다. 이곳 수용자들 중에는 기술자들이 포함되어 있어서 나치에 필요한 군수품을 생산하기 위해 강제 노역을 했다. 아우슈비츠의 생존자 중에는 이곳에 수용되었던 사람들이 대부분이다.

70만 평에 이르는 허허벌판에 세워진 학살의 현장 아우슈비츠는 제1, 제2, 제3 수용소를 총칭한다. 제2차 세계대전을 일으킨 전범국인 독일, 이탈리아, 일본은 이렇게 비슷한 과정을 거쳐 점령한 나라의 사람들을 노예로 부리고 학살했다.

지금도 학살 당시의 현장이 보존되어 있다. 유대인들은 검은 상복을 입고 간단없이 선조들의 억울함을 기억하고 애도하기 위해서 참배하고 있다. 이곳의 분위기와 공기는 너무 무겁고 참담하여 숨이

멎을 듯한 침묵이 관광객들을 압도한다.

  그럼에도 불구하고 입구에는 레스토랑, 카페, 기념품점들이 마치 상복을 입은 듯 후줄근하고 즐비하게 서 있다. 먹고 마시기는커녕 입이 떨어지지 않는 현장이다. 인류의 가장 커다란 죄악은 학살이다. 히틀러 같은 악마가 나타나 무고한 생명을 괴롭히고 살해했다는 것은 유사 이래 가장 큰 죄악이다.

# 체코와 도나우 강의 자연

## 체코 공화국의 개요

체코 공화국은 1993년 체코슬로바키아로부터 분리 독립한 국가로, 서북쪽으로는 독일, 북쪽으로는 폴란드, 남쪽으로는 슬로바키아, 오스트리아와 국경을 이루고 있다. 체코의 면적은 78,867km²이고 인구는 1,064만 명(2021년) 정도이다. 체코의 수도 프라하는 면적이 496km²로 오랜 전통을 지닌 도시다. 프라하의 인구는 130만 명이지만 광역 도시권에는 216만 명이 거주하고 있다.

1990년대 구소련의 블록으로서 공산주의에서 자본주의로 개방된 체코는 초기에는 가난하고 어려운 경제 여건을 지니고 있었으나 이삼십 년이 지난 지금은 자유롭고 풍요로우며 활력이 있는 옛날의 화려했던 사회로 회복되었다.

체코는 인구 밀도가 낮은 편이며 내륙의 넓은 평야에서는 감자, 옥수수, 해바라기, 유채 등의 농산물이 풍부하게 생산되고 있다. 자연 경관이 아름다운 곳이 많이 있어 관광객들에게 인기가 있다.

## 아름다운 도나우 강의 자연

유럽 대륙에 흐르는 하천은 다른 대륙에 비하여 길이가 짧고 유역 면적이 크지 않지만, 여러 국가를 지나는 복잡한 특징을 가지고 있다. 유럽에서 가장 큰 강은 카스피 해로 흐르는 볼가 강으로 길이가 3,700여km이지만, 대부분은 러시아의 영토를 흐른다.

두 번째로 큰 강은 도나우 강이다. 독일의 남부 지역의 검은숲에서 발원하여 동쪽으로 흐르면서 독일, 오스트리아, 슬로바키아, 헝가리, 크로아티아, 세르비아, 불가리아, 몰도바, 우크라이나, 루마니아 등 동유럽 10개국을 지나 흑해로 흐른다. 총길이는 2,860km이고 유역 면적은 817,000km$^2$으로서 유럽에서 두 번째로 크고 긴 다국적 강이다.

도나우(Donau)는 독일어이고 영어로는 다뉴브(Danube) 강이라고 한다. 강의 유량은 비엔나(면적 415km$^2$)에서는 1,900m$^3$/s이고 부다페스트에서는 2,350m$^3$/s이며 베오그라드에서는 4,000m$^3$/s이다. 그리고 하구를 이루는 루마니아의 드브로제아와 우크라이나의 오데사 주에서는 유량이 6,500m³/s이다.

도나우 강의 하구는 강이 세 개의 지류로 나누어지면서 삼각주를 형성하는데, 무려 5천km²의 면적이다. 이 강은 카르파티아 산맥과 발칸 산맥을 통과하면서 협곡을 이루는데, 이 협곡이 깊어서 철문(Iron Gates)이라는 별칭을 갖고 있다.

도나우 강은 헝가리의 부다페스트 시(면적 525km²)를 부다와 페스트의 양안으로 가르며 흐른다. 부다 지역은 고색창연한 건축물과 아름다운 정원이 있어 역사적 지구라고 할 수 있으며, 페스트 쪽은 새로운 건물과 쇼핑 센터, 호텔이 밀집한 상업 지구이다. 양분된 시가는 세체니 다리와 에르제베트 다리로 연결되어 있다.

도나우 강변 부다페스트 야경

도나우 강을 배경으로 한 유명한 음악으로 요한 슈트라우스 2세의 유명한 왈츠곡 '아름답고 푸른 도나우 강(An der schönen, blauen Donau)'과 이바노비치의 '도나우 강의 잔물결(Donauwellen Waltzer)'이 있어 이 강을 더욱 정취 있고 아름다운 곳으로 만들고 있다.

체코의 프라하에서 야간 크루즈를 하면 강변의 휘황찬란한 불빛 속에 다리의 조명과 강 양쪽 연안의 각종 유명한 정부 청사 등 건물들의 조명으로 황홀감에 빠진다. 필설로 표현할 수 없을 만큼 아름다운 야경으로 마치 요정의 세상에 들어간 것 같은 기분이다.

공산주의 치하에 있었던 다리의 모습이나 20여 년이 지난 오늘날의 다리 야경은 변한 것이 거의 없어 보인다. 어두침침한 조명에 은은하게 보이는 조각상도 여전하다. 그러나 다리 입구의 관광 기념품을 파는 상점은 격세지감을 느끼도록 찬란하고 화려하게 변화하였다. 무엇보다도 진열되어 있는 온갖 물건들에 놀라지 않을 수 없다. 공산주의와 자본주의가 비교되는 부분이라고 하겠다.

프라하의 블타바 강은 도나우 강의 한 지류이며, 이 강에 카를 교가 건설되었다. 이 다리는 1357~1402년 신성로마 시절에 황제 카를 4세가 건설한 다리로, 설립된 지 6백여 년의 역사를 지니고 있다.

카를 교의 길이는 621m이고 폭은 10m로 16개의 아치가 상판을 받치고 있으며 바로크 양식의 조각상들이 다리의 양 난간에 있다. 조명은 밝지 않고 화려하지도 않지만, 체코에서 가장 아름다운 야경 장소로 꼽히고 있다.

# 슬로바키아의 산림 자원

## 슬로바키아의 개요

슬로바키아는 유럽 대륙의 중앙에 위치한 작은 나라로, 1993년 1월 1일 체코슬로바키아로부터 분리 독립했다. 슬로바키아의 면적은 4만9천여km²이고 인구는 540만 명(2021년 기준)이어서 인구 밀도는 1km²당 67명으로 낮은 편이다. GNP는 2만 달러를 조금 넘는 수준이지만 실제 생활 수준은 높고 잘 사는 나라에 속한다.

슬로바키아는 북쪽으로는 폴란드, 남쪽으로 헝가리, 남서쪽으로 오스트리아, 동쪽으로는 우크라이나, 서쪽으로 체코로 둘러싸여 있다. 위도상으로는 북위 46~49° 사이에 위치한다. 바다와는 아주 멀고 큰 호수도 없으나 농업과 축산업이 조화를 이루며 발달한 나라이다.

수도는 브라티슬라바이며, 대부분의 국민은 서슬라브족인 슬로바키아인이지만 여러 민족이 섞여 있다. 국민들 대부분이 가톨릭을 믿고, 소수의 사람들은 신교와 그리스정교 또는 이슬람교를 믿는다.

체코의 설원과 목조주택

슬로바키아의 이차선 도로는 헝가리의 부다페스트에서 폴란드의 크라쿠프까지 관통한다. 거리는 180km 정도에 불과하지만, 자동차와 화물차의 통행량이 많아서 3~4시간이나 걸린다. 고속도로 같은 인프라가 거의 구축되어 있지 않은 나라이기도 하다. 이 도로의 길 양쪽으로는 넓은 농경지가 펼쳐지며 농가 주택은 마치 별장처럼 산재해 있고 산야의 산림은 검은숲의 외형을 하고 있다.

### 슬로바키아의 산림 자원

이 나라의 국토는 카르파티아 산계에 위치하고 있어서 평야가 적고, 국토의 대부분이 빽빽하게 인공 조림된 히말라야시다의 숲으로 이루어져 있다. 이 숲에는 자작나무, 소나무 등이 섞여서 교목으로 자라고 있으며, 외관상으로는 히말라야시다가 우점종으로 경관을 이루고 있다. 이 밖에도 전나무, 눈솔나무가 드물게 섞여 있고, 관목은 아주 적은 비율로 조금씩 보인다.

겨울철에는 적설량이 많아 도로를 제외하고는 모든 산림이나 구릉, 마을이 백설로 덮여 있으며, 고산지대는 연간 130일 넘게 눈에 덮여 있다. 야생동물이 무리를 지어 눈 속에서 움직이는 것도 볼 수 있다. 평원의 농장에서는 드물게 보리 같은 겨울 밭 작물이 눈 속에서 푸르게 돋아나고 있다.

산림 속이나 도로변 마을이나 산장은 대개 2층의 목조 주택이며 집집마다 굴뚝이 있다. 영하 2~3도 정도의 추운 날씨에 폭설로 눈이 쌓여 있음에도 불구하고 굴뚝에서 연기가 거의 나지 않는 것은 장작 외에 다른 난방 기구가 있기 때문으로 여겨진다. 산야의 넓은 구릉은 스키장과 농장으로 잘 정비되어 있다.

농작물로는 옥수수, 감자, 해바라기 등이 많이 생산되며, 목장으로도 활용되고 있다. 스토도라(Stodora)라는 스키장은 썰매나 스키를 타는 사람들로 붐비고 있다. 눈이 많이 내리는 나라이고 자연환경이 좋아서 인근 국가의 스키어들이 모여드는 곳이다.

## 프랑스의 자연

프랑스는 지리적으로 영국, 독일, 스위스, 스페인, 이탈리아와 국경을 이루고 있는데, 지정학적으로 유럽에서 가장 영향력이 있는 국가 중의 하나이다. 프랑스는 남쪽으로는 지중해와 접하고 서쪽으로는 대서양과 접하며 영불 해협을 통해서 북해와도 연결이 되어 있다.

기후가 온화하고, 토양이 비옥하여 풍요로운 산천초목을 이루고 있으며, 유럽의 지붕이라고 하는 알프스 산맥을 대부분 차지하고 있다.

국토 면적으로 볼 때 유럽의 대국이며, 과학 기술이 대단히 발달하였으며, 문화적으로 수준이 높은 선진국이다.

자연은 지역마다 특색을 지니고 다양하여 아름다운 풍광을 지닌 풍치의 나라이기도 하다. 국토의 면적은 약 5십5만km²이며 인구는 6천7백만 명 정도이다. 1인당 GDP는 43,653달러이다. 국민들의 대부분이 가톨릭 신자이며 신교와 이슬람교도 다소 있다.

수도인 파리는 전 세계의 문화와 유행의 중심지라고 할 만하다.

## 센 강의 자연

센 강의 길이는 776km인데 북부 프랑스의 디종 시 근처에서 발원하여 파리를 거쳐 영불 해협으로 흘러간다. 센 강의 하구는 영불 해협의 르아브르(Le Havre)에 위치해 있다.

센 강을 중심으로 하는 자연 경관은 다양한데, 특히 파리 중심부를 관통하는 하천으로 37개의 다리가 건설되어 있으며, 이 다리들은 파리 시의 경관과 풍물을 좌우하고 있다.

가장 오래된 다리는 시테 섬 끝에 있는 퐁뇌프(Pont Neuf)이다. 16세기에 놓인 석조다리로 1991년에 유네스코 세계 문화유산으로 등재되었다.

퐁뇌프 다리와 가장 가까이에 있는 퐁오두블(Pont au Double) 다리는 시테 섬과 파리 시를 연

퐁 뇌프

결해 주는데 아름다운 노트르담 성당의 측면과 후면 그리고 첨탑을 잘 볼 수 있게 하는 다리이다.

또 하나의 다리를 소개하자면, 알렉상드르3세(Pont Alexandre III) 다리가 있다. 러시아와 성공적인 국교를 체결하기 위해 러시아 왕의 이름을 붙인 이 다리는 4개의 황금 동상을 지니고 있는 아름답고 화려한 다리이다.

퐁 오 두블

퐁 알렉상드르 3

센 강 하구의 중심도시는 캉(Caen)이며이며, 이곳의 해변에는 다양한 해조류가 자생하고 있다. 캉 대학교에서는 해조류학을 중점적으로 연구하고 있고, 게이랄 교수를 비롯한 연구팀이 좋은 연구 실적을 내고 있어 저자는 1976년 이 연구실에서 단기 연수를 받았다.

### 발 드 루아르의 자연

발 드 루아르(Val de Loire) 하면 루아르 강의 계곡을 따라 형성된

쉬농소 성

샹보르 성

앙부아즈 성

고색창연하고 찬란한 성채의 문화를 대표하는 곳이다. 루아르 강은 길이가 1,012km이며 유역 면적은 117,000km²로 프랑스 면적의 1/5이 넘는 큰 강이다. 루아르 강은 오를레앙 시, 투르 시, 앙제 시, 낭트 시를 거쳐 대서양으로 흘러든다.

프랑스에는 국토 곳곳에 수많은 옛 고성들이 산재하여 문화재로 지정되어 있다. 수백 킬로미터의 강변을 따라 마치 진열이나 해 놓은 듯 각기 다른 특색의 성들이 장관을 이룬다. 프랑스 문화의 요충지로 유네스코 문화 유적지로 등재되어 있으며, 프랑스가 내세우는 관광 단지이기도 하다. 파리에서 남쪽으로 약 150km 떨어진 오를레앙 시와 투르 시 사이에는 고성들이 강의 계곡을 따라 수없이 펼쳐져 있다. 대표적인 성곽을 몇 개 소개하자면, 샹보르 성(Château de Chambord), 쉬농소 성(Château de Chenonceau), 앙부아즈 성(Château de Amboise), 블루아 성(Château de Blois), 리보 성(Château de Ribo), 쇼몽 성(Château de Chaumont) 등이 있다. 이 성들 하나하나는 각기 독특한 건축 양식과 특색을 지니고 있다.

### 알프스의 자연

알프스 산맥의 최고봉은 몽블랑으로 4,808m이며 방대한 산기슭을 지니고 있다. 다양한 면모로 절경을 이루어 세계적으로 이름이 난 명산이다. 알프스 산맥은 프랑스, 스위스, 이탈리아가 공유하고 있는 산맥이지만 프랑스에 주요 산맥이 자리잡고 있다.

몽블랑의 발치에 있는 샤모니는 아름다운 산촌 도시이며, 다소 떨어져 있으나 역시 알프스 산맥에 인접해 있는 그르노블 역시 경관이 좋은 도시이다.

그르노블은 알프스 산자락에 위치한 대단히 깨끗한 산악 도시 중의 하나로서 한때 동계올림픽이 열리기도 한 교육과 과학의 도시이다. 특히 원자력 연구가 집중되어 있으며, 그르노블 대학교에는 스위스의 레만 호수를 연구하는 호수학 연구팀이 있기도 하다. 저자는 1975년 3월부터 8월까지 반 년 정도 이 대학에서 생활한 적이 있다.

알프스의 산자락에는 많은 스키장이 있어서 유럽인들이 등산과

그르노블 시내 너머로 보이는 알프스

스키를 즐기러 몰려든다. 봄철의 스키장에는 싱그러운 풀밭이 펼쳐진다. 여러 가지 초본 중에 민들레가 우점종을 이루고 있으며, 무엇보다도 관리가 잘 되고 있어서 힐링의 장소가 되기도 한다.

### 피레네 산맥의 자연

피레네 산맥(Les Pyrénées)은 프랑스와 스페인 사이에 위치해 있으며, 한쪽 끝에서 지중해와 접하고 있다. 피레네 산맥의 최고봉은 아네트 산으로 3,404m이다.

프랑스 쪽의 지중해변에는 파리 6대학의 부속 해양연구소인 바니울스 쉬르 메르(Banyuls sur mer) 연구소가 있다. 이 연구소는 산과

피레네 산장

바다를 어우르는 경관이 좋은 곳에 있으며, 지중해 연구에 큰 역할을 하고 있다. 동시에 피레네 산맥의 고산 생태계를 실험 답사하는 학습장도 설립되어 있어 자연 생태에 관심이 있는 학생들이나 일반인에게 생태 답사 기회를 제공하고 있다.

해양 연구소 근처에는 프랑스 정부가 예술가를 배려해 만든 배산임수의 자연 경관을 지닌 화가촌 꼴리우르(Collioure) 마을이 있다. 지중해와 피레네 산을 끼고 최상의 주거 환경을 누리는 이곳의 주민은 이삼천 명 정도로 프랑스의 화가들 촌락을 이루고 있다.

피레네 산맥과 지중해의 자연 속에는 세계적인 장수촌이 있다. 바다에서 나는 물고기와 고산에서 생산되는 산채와 버섯이 식생활에 접목되어 건강한 식생활을 제공해 주기 때문이다.

# 그리스의 자연

　　　　　　　　　　　　　　그리스는 위도는 우리나라와 거의 비슷하지만, 자연 생태적으로는 지중해와 지중해성 기후에 기반을 둔 나라이다. 온화한 기후로 우리나라의 식생과도 비슷하다.

　온난한 지중해성 기후에 올리브 나무가 잘 적응하여 많은 양의 올리브를 생산하고 있다. 지중해안의 모든 지역은 올리브 나무로 가득하지만, 그리스에서 생산되는 올리브유는 세계에서 가장 질이 좋다고 한다. 오렌지, 탱자 같은 나무도 많이 보이는데, 특히 탱자는 가로수로 심겨 있다.

　아테네의 여름은 비가 한 방울도 오지 않는 건조기이며 겨울철은 올리브와 오렌지의 수확 시기이다. 가로수로는 오렌지 나무가 많은데 열매를 맺지 못하도록 주사를 놓고 있다. 오렌지가 길에 떨어지

그리스의 올리브 나무

면 오염이 심하기 때문이다.

아테네는 제주도와 기후가 비슷하며 여름이 길다. 5월 중순부터 10월 중순까지와 겨울철이 우기로 강수량은 500mm 정도이다. 여름은 더워서 35℃에서 45℃까지 오르며 산불이 자주 일어난다. 이러한 기후에 잘 적응된 수목이 올리브 나무이다.

그리스의 면적은 132,000km²로서 인구는 1,120만 명 정도이다. 수도는 아테네이고 인구는 480만 명이다. 그리스어를 사용하며 종교는 그리스 정교를 믿는다. 그리스의 1인당 GDP는 20,192달러(2021년)이며, 산업 구조는 관광업이 70%이고 공업이 27%, 농업은 3%에 불과하다. 사회복지 제도가 너무 좋아 국민은 일하지 않는 습성에서 벗어나지 못하고 있다.

　이 나라는 발칸 반도의 남부 지역에 위치하며 인류문화의 유적지라고도 할 수 있는 찬란한 문화를 지니고 있다. 자연환경으로 볼 때 그리스는 바다의 왕국이며 정신적으로는 신전과 신화의 왕국이라고 할 수 있다. 그리스에서는 2천5백 년 전의 빛나는 유적을 신전의 기둥에서 찾아 볼 수 있다. 2004년 올림픽을 개최했을 때엔 바늘부터 비행기에 이르기까지 수입에만 의존해서 경기를 치렀고, 지금은 아예 수입에 의존해서 사는 나라가 되었다. 올림픽을 하면 경기가 살아나고 살기 좋은 나라가 되는데, 그리스는 반대로 경기가 침체하고 파업이 성행하는 풍토가 되었다.

　그리스는 2천5백년 전부터 민주정치를 발달시켰다. 하지만 지정학적으로 좋은 자연환경을 가지고 있던 탓에 고난도 함께 겪어야 했다. 천여 년 동안 로마의 지배를 받았으며, 오스만 제국에게도 약 430년 동안 지배를 받았다.

　1913년 그리스가 튀르키예의 케말 파샤와 싸워서 패전한 뒤부터 아테네의 인구는 증가하기 시작하였다. 1950년에서 1952년 사이에 200만 명의 농민이 유입됨으로써 아테네는 대도시로 성장하였다. 1943년 왕정을 하다가 1967년 쿠데타로 왕이 영국으로 피신하였다.

　바이런은 그리스를 방문하여 "이렇게 훌륭한 문화를 지닌 나라가 어찌 튀르키예 같은 야만국의 지배를 받을 수 있는가."하며 1821년에 독립전쟁을 격려하는 시를 쓴 바 있다.

그리스는 대리석의 원조 생산지이며 세계적인 명성을 지니고 있다. 거의 모든 건축자재를 대리석으로 사용하며 목재로 된 집은 대단히 비싸다고 한다. 그리스에는 수많은 건축 양식이 있다. 이오니아식은 여성적이고 섬세한 특징을 가지고 있으며, 도리스식은 남성적이고 웅장한 특징을 가지고 있다. 코린트식 또한 섬세한 특성을 가지고 있다. 이 양식은 건축가 칼리막토스가 사랑하는 딸의 무덤에서 자라는 쏨바귀를 보고 창안한 건축 양식이다. 트로이 건축 양식은 건축의 위가 넓고 스파르타 건축 양식은 무지막지하다. 스파르타에는 장애인이 존재하지 않았다고 한다. 부실한 어린이는 절벽에서 던져 죽였고, 60세가 되면 역시 절벽에 올라가 떨어져 죽었기 때문이다.

그리스 사람들은 낙천적인 기질을 가졌다. 이들의 조상은 자손들에게 인생살이를 파도치는 대로 적당히 적응하면서 살라고 가르쳐왔다. 이들은 정해진 시간에만 일을 하고 낮잠 자는 것을 즐긴다. 이들은 와인을 좋아하며 저녁 10시부터 새벽 3시까지 먹고 놀아도 된다. 밤을 꼬박 새우는 경우가 많아서 낮잠을 2시간 동안 자는 것이 생활화되어 있다.

그리스는 종교의 나라이다. 무엇보다 이곳은 신화와 역사, 고전 작품으로 유명하다. 1504년에 기독교가 동방교회와 서방교회로 분열되었다. 동방교회는 그리스나 러시아 같은 국가의 기독교를 대표

파르테논 신전

하며, 서방교회는 가톨릭을 의미한다.

  동방교회는 하나님과 성모마리아를 중심으로 하며, 신부들이 결혼을 하고 부활을 중요한 교리로 취급한다. 또한 바울의 신약을 성서로 채택하고 있으며, 찬송 시에는 성호를 부르며 성찬에서는 누룩이 든 빵을 사용한다.

  반면 서방교회는 성모마리아를 중심으로 하며, 성직자는 결혼을 하지 않는다. 그리스도의 탄생을 중요시하며 신약과 구약을 동시에 성서로 채택하고 있다. 찬송을 할 때는 반주를 사용하고 성찬에서는 누룩이 없는 빵을 쓴다. 가톨릭에서는 또다시 구교와 신교로 분

헤파이스토스 신전

열되었다.

  이 두 개의 교회는 신부의 의복도 서로 다르다. 서방교회가 동방교회를 많이 괴롭혔던 역사도 있다. 십자군 원정 이후 갈등이 심화되었고, 그리스 정교와 가톨릭 교회는 9개의 교리에서 차이를 보인다. 이슬람교는 모세의 십계명을 믿는 종교이다.

8장

# 아프리카의 자연 생태계

# 아프리카 대륙의 개요

아프리카는 약 3,033만km²에 달하는 거대한 대륙으로서 대서양, 인도양, 지중해, 홍해와 맞닿아 있다. 북반구와 남반구의 중앙에 위치한 이 대륙은 온대와 열대 지역에 걸쳐 있으며 한대 지역과는 접해 있지 않다.

아프리카 대륙에는 수많은 나라가 있으며 다양하고 독특한 자연 특색을 지닌다. 지중해 연안과 남아프리카공화국 등은 기후가 온화하고 좋은 생활 환경을 지니고 있지만, 사하라 사막과 같은 곳은 사람이 살기 어려운 불모의 땅이다.

아프리카 대륙에는 태양 광선이 매우 강하기 때문에, 피부가 검은 흑인들이 많이 거주하여 '검은 대륙'이라는 별명을 가지고 있다. 그러나 과학 기술의 발전이 미흡하여 대부분의 국가들이 저개발 상태에 놓여 있으며 생활 수준이 낮은 편이다.

아프리카 대륙은 인류의 기원지로 알려져 있으며, 원인류의 발생지이기도 하다. 이들이 유럽 대륙과 아시아 대륙을 거쳐 아메리카 대륙으로 이동하였다는 학설이 있다.

사하라 사막은 대륙 면적의 1/3에 가까울 만큼 광활하며, 동식물이 자생하기 어려운 불모의 모래땅이다. 사하라 사막의 총면적은 1천여만km²에 달하며, 그중에서도 절대 사막인 에그르 지역은 100여만km²에 이른다.

사하라 사막은 강수량이 적어 4~5년에 빗방울이 떨어질 정도로 건조한 기후를 가지고 있다. 이러한 사막의 중심부에 위치한 나라로는 수단, 차드, 니제르, 중앙아프리카공화국, 말리, 모리타니 등이 있으며, 이들 대부분이 사막의 광야를 지니고 있어 경제적으로 어려움을 겪고 있다.

지사학적으로 아프리카 대륙과 유럽 대륙은 원래 붙어 있었으나, 지각 변동으로 인해 두 대륙 사이가 벌어지면서 지중해가 생겨났다. 지브롤터 해협은 대서양과 지중해를 연결하는 유일한 통로로, 해양학적으로 중요한 의미를 지니고 있다.

지중해 연안에 위치한 나라로는 모로코, 알제리, 튀니지, 리비아, 이집트 등이 있으며, 이들 나라의 해안 지역은 지중해성 풍토를 지니고 있다.

무엇보다도 지중해 연안을 끼고 있는 지역은 유럽이든 아프리카든 살기 좋은 기후와 풍토를 지니고 있어서 물질문명도 유럽과 거의 비슷하게 발달했다. 특히 이집트의 알렉산드리아는 지중해 연안에서 가장 커다란 도시 중의 하나로서, 고대 이집트의 찬란한 문명을 간직하고 있다.

홍해는 사하라 사막과 사우디아라비아 사막 사이에 위치한 열대 바다로, 바닷물이 깨끗하며 산호초의 성장이 왕성하다. 이로 인해 열대 생태계가 형성되어 있으며, 다양한 종류의 어류가 서식하고 있다.
관광의 메카이기도 한 홍해는 산호초 모래사장이 매혹적이다. 홍해는 지중해와 인도양을 연결하는 다리 역할을 하며, 아프리카 대륙과 아시아 대륙의 경계에 위치하고 있다.
특히 지중해와 홍해를 잇는 수에즈 운하는 인류 역사상 가장 큰 토목공사 중 하나로, 해상 교통의 획기적인 발달을 이룩한 곳이다. 홍해에 인접한 국가로는 이집트, 수단, 에리트레아가 있다.

대서양 해안에 위치한 아프리카의 국가로는 모로코, 모리타니, 세네갈, 기니, 시에라리온, 라이베리아, 코트디부아르, 가나, 토고, 나이지리아, 카메룬, 가봉, 콩고, 앙골라, 나미비아, 남아프리카공화국 등이다. 이중에서 카나리아 제도는 중요한 어업 전진기지이자 유럽인들의 관광 메카로 천혜의 해양 환경을 지니고 있다.
모리타니는 국토 전체가 사막의 영향을 받는 불모의 땅이지만, 사막에서 불어오는 강력한 열풍에 의해 해면의 표층수는 원양으로 밀려나가며 심층수가 올라오는 용승 현상(upwelling)이 끊임없이 일어나 해양 생산이 풍부하게 이루어지고 있다. 이 나라의 재정은 대부분 이 현상에 따른 풍부한 어업량에 의존하고 있다.

인도양은 세계 3대 해양으로 아라비아 해와 벵골 만 같은 광대한 해역을 포함하고 있으며, 홍해와 연결되는 아덴 만과 페르시아 만과 연결되는 오만 만이 있다.

인도양은 기후적으로는 열대와 온대의 걸쳐있는 해양으로 주로 열대성 기후의 영향을 많이 받는다. 따라서 바닷물의 온도가 상대적으로 높을 수밖에 없다. 대양의 북쪽으로는 아시아 대륙으로 막혀서 북극해와는 연결이 되지 않는다.

인도양과 접하고 있는 아프리카의 국가로는 지부티, 소말리아, 케냐, 탄자니아, 말라위, 모잠비크, 남아프리카 공화국 등이 있으며, 이 중에서 마다가스카르는 큰 섬나라이다.

남아프리카 공화국은 아프리카 대륙의 남단에 위치하며, 대서양과 인도양이 만나는 해역에 자리잡고 있다. 이 해역은 두 대양의 해양학적 성격이 다르기 때문에, 아주 특이한 해양 환경을 이루고 있다. 두 대양이 거대한 해양 세력을 가지고 부딪치는 것은 물리적 변화뿐만 아니라, 서로 다른 해양 환경에서 서식하던 생물들이 일시에 변화된 환경에 처하게 되는 것을 의미한다. 이는 생물들에게 적응 또는 부적응, 나아가서는 도태를 야기할 수 있는 천이적 환경을 만들어내므로 해양 생물학적으로 종의 다양성은 물론 새로운 종이 발생되는 해역으로 중요한 의미를 지닌다.

세계의 바다는 넓고 광활하다. 바다 면적은 지구 표면적의 71%를 차지하고 있으며 생물이 살아가는 공간으로 바다의 입체성을 감안하면 대단히 크다. 바다는 인류 생존에 절대적인 생활 환경인 동시에 해양 생물은 인류의 식량자원이다. 다른 한편 해양 오염은 인류의 생존에 치명적으로 부정적인 영향을 끼친다.

아프리카에 대한 해양학적 논의는 『세계의 바다와 해양생물』을 참고하기 바란다(김, 2008). 다른 한편으로 아프리카의 생태학적 연구는 『세계의 다양한 생태계와 생물』(김, 2016)에 들어 있다.

오늘날 자연 파괴는 심각하다. 탄소 배출량이 과대하여 지구의 온난화 현상이 심화되고 생태계가 변하고 있다. 인류는 지사학적으로 생존의 위기를 맞고 있는 한편, 코로나 같은 팬데믹은 일시적이나마 인류를 고통 속으로 몰아넣었다. 이 책에서 논하는 탄소중립은 망가지고 있는 지구를 지키기 위한 노력의 일환이라 하겠다.

# 이집트의 자연

## 나일 강의 자연

나일 강의 길이는 6,695km이며 유용 면적은 310만km²에 이르는 세계적인 강이다. 나일 강은 두 개의 원류가 있는데, 하나는 탄자니아의 빅토리아 호수에서 시작되고 다른 하나는 에티오피아의 고원에서 발원하며, 이 두 강이 합류하여 지중해로 흘러 들어간다.

나일 강은 거대한 사하라 사막(906.5만km²)의 오아시스로서, 사막의 방대한 면적에 비해 다소 왜소하지만 생명 현상을 발휘하는 근원의 하천이다. 나일 강의 천혜적 자연을 누리는 나라가 이집트이며, 이로 인해 이집트는 고대 문명의 발상지로서 찬란한 문화를 일으켰고, 그 발자취가 나일 강변을 따라 곳곳에 형성되어 있다.

나일 강의 일몰

　나일 강변을 따라 도시, 마을, 농경지가 이루어져 있으며, 사원, 왕릉, 피라미드 등의 고대 문화유산이 분포해 있다. 물론 나일 강 본류나 저수지에는 담수가 바닷물처럼 넘실거리지만, 물기가 닿지 않는 땅은 태양 광선의 열에 못 이겨 절대 불모지를 이루고 있다. 강변이라도 삭막한 대지인 경우가 많기 때문에 물기가 스며드는 곳이라면 어떠한 방식으로든 식물이 자라지만 수로에서 1m만 떨어져도 절대 불모지의 사막 땅을 보여주곤 한다.

　농경지에 물이 충분히 공급되는 곳은 비옥한 옥토로서 다양한 식물이 재배된다. 대단위로 재배되는 대표적인 작물로는 바나나, 파인애플, 사탕수수, 옥수수, 케일, 대추야자, 해바라기, 브로콜리, 양파, 파 등이 있다.

　마을에서는 대추야자를 비롯한 여러 종류의 종려나무, 유도화 등이 보이며, 미모사, 버드나무류, 벚나무류, 부겐베리아, 부용, 유카, 유도화, 꽃기린, 갈대, 부들 등 다양한 식물이 관찰된다. 일반적으로 사막 지대에서는 선인장류가 자생하지만, 이곳에서는 거의 보이지 않는다.

나일 강의 본류에서 유도되는 크고 작은 관계용 수로가 도처에 발달해 있으며 저수지들도 많다. 마을 근처의 농수로는 수질 오염이 심각하다. 수색은 청흑색이며, 더운 기후에 물 자체가 걸쭉하게 보인다. 오염원은 주로 쓰레기로서 농업에 사용되었던 스티로폼, 비닐, 캔류 또는 과자 봉투들이 수표면에 깔려 있다.

대단위의 농장에는 풍족하게 물이 공급되어 대지에 물기가 있으며, 잡풀도 상당히 자라고 있다. 물만 있으면 사막의 땅이라고 해도 농산물이 왕성하게 자랄 수 있다. 그러나 과다하게 뜨거운 태양 광선은 광합성 작용에 저해 요인으로 작용한다.

나일 강은 상류에서 하류에 이르기까지 고대의 찬란한 문명의 발상지이며, 현대에 이르기까지 주요한 도시를 이루고 있다. 몇몇 도시를 살펴보면 다음과 같다.

**아부심벨**(Abu Simbel) : 아부심벨은 수단과 국경을 이루는 이집트 최남단의 도시이다. 아스완 댐으로 인하여 물이 저장되어 만들어진 거대한 나세르 호수와 인접해 있으며, 녹지대가 형성되어 있다. 아부심벨은 이집트를 대표하는 유적지 중 하나로, 람세스 2세(Ramses II)의 대신전이 있다. 대신전에는 20m 높이의 거대한 좌상 4개가 정면에 있으며, 내부에는 8개의 기둥이 있다. 현재는 나일 강에서 떨어져 있어서 물이 닿지 않는 모래 사막 속에 건물이 서 있는데, 기온이 높아 사막화가 가속화되고 있다. 대신전 옆에는 사랑과 행

아부심벨에 있는 람세스 2세의 신전

복의 여신 하토르와 람세스 2세의 왕비 네페르타리(Nefertari)를 모셔 놓은 네페르타리 소신전이 있다. 이 밖에도 여러 명의 람세스 무덤이 있다.

**아스완(Aswan) 댐** : 아스완 댐은 이집트의 녹색 혁명을 일으킨 대대적인 토목공사로, 나일 강 하구의 범람을 막고 그 풍부한 수량을 농업 발전에 활용하기 위해 건설되었다. 이 댐은 아스완 하이 댐이라고도 불리며, 댐 건설로 인해 만들어진 큰 호수는 대통령 나세르의 이름을 따서 나세르 호라고 명명되었다.

나세르 호는 풍부한 저수량을 지니고 있으며, 이 호수의 물은 국경을 넘어 수단까지 이르고 있다. 아스완 댐의 재원은 수위가 160m

아스완 댐은 나일 강의 범람을 막고 관개 및 농경 및 전력발전을 위해 지어졌다.

일 때, 호수의 길이는 430km, 표면적은 3,057km²에 이르며, 강변의 길이는 6,027km이다. 강폭은 평균 7.1km, 평균 깊이는 21.6m, 최고 깊이는 110m이다.

댐의 수위가 180m일 때에는 호수의 길이가 495.8km, 수면의 면적이 6,216km²이며, 물의 양은 156.9km³이다. 이 댐은 세계에서 가장 많은 수량 중 하나로 무려 1,570억 톤에 이르는 담수량을 가지고 있다. 이때 강변의 길이는 9,250km이고 평균 강폭은 12.5km이다. 그리고 평균 깊이는 25.2m이며 최고 깊이는 130m이다. 이로 인해 아스완 댐은 사하라 사막의 절대 불모지 속에서도 마치 낙원과 같은 오아시스를 이루고 있다.

**콤 옴보(Kom Ombo) 시** : 아스완(Aswan) 시에서 콤 옴보 시까지는 뱃길로 90km이며, 크루즈를 이용하며 3시간 정도 소요된다. 콤 옴보에는 악어 머리를 한 세베코 신과 매의 머리를 한 호루스 신을 모신 콤 옴보 신전이 있다.

콤 옴보에서 에드푸(Edfu)까지는 긴 크루즈를 타고 밤에 이동한다. 에드푸에는 고대 이집트의 신전 중 보존 상태가 가장 좋은 아름다운 에드푸 신전, 즉 호루스 신전이 있다.

기원전 16세기에서 11세기까지 만들어진 신왕국의 파라오 묘지에는 투탕카멘, 람세스 1세, 2세, 3세, 아멘호테프 2세 등 수많은 파라오의 무덤이 절대 불모지인 사막의 사암 속에 묻혀 있다. 그 규모가 상상을 초월할 정도로 거대한 이곳은 왕가의 계곡이라고 불리며, 왕들의 공동묘지로 사용되었다. 대부분의 무덤이 도굴되어 부장품은 남아 있지 않으며, 벽에 새겨진 그림만 볼 수 있다.

이집트 최초의 여왕 합세슈트가 만든 독창적이고 웅장한 3층의

3층의 테라스식 신전, 합세슈트 장제전

테라스식 신전인 합세슈트 장제전(葬祭殿)은 사막 속에 우뚝 서 있는 커다란 건축물로, 한낮의 뜨거운 사막의 기온 속에서 특이한 환경을 이루고 있다.

**룩소르(Luxor) 시** : 룩소르는 나일 강변에 형성되었던 찬란한 고대 이집트 문명의 명소로서 룩소르 신전과 카르나크(Karnak) 신전이 있다. 이집트에서 가장 오래된 신전이며 가장 거대하고 가장 아름다운 신전이기도 하다.

여기에는 멤논(Clossi of Memnon)의 거상이 있다. 파라오 아멘호테프(Amenhotep) 3세가 만든 장제전 유적에 남아 있는 두 개의 거대한 석 상은 신전의 정문을 지키던 것으로 높이는 23m이며 발의 길이는 2m이다.

이집트의 신전 중 최대 규모라고 하는 카르나크 신전은 규모가 상

조명이 비치는 룩소르 신전의 기둥

상을 초월한다. 거대한 신전 기둥이 하늘 높이 솟아 있는데 그 수가 무려 136개나 되며, 마치 신전 기둥의 숲을 연상케 한다.

룩소르 신전의 야경은 역시 거대한 신전 기둥의 전시장을 보는 것 같다. 적당히 조명이 되어 있기는 하지만 규모가 대단히 커서 가늠하기조차 어렵다. 신전 옆으로는 야외 박물관이 설치되어 신전에 관련된 수많은 석물들이 전시되어 있다.

룩소르 시는 사막 속의 오아시스로서 생명의 활기를 느끼게 한다. 시내의 수로에는 물이 흐르고 가로수가 보기 좋게 심겨 있다. 그러나 신전은 나일 강과는 다소 떨어져 있어서, 고대 문명의 현장은 완전히 사막 속으로 뜨거운 햇볕만 내리쪼인다. 물기라고는 찾아볼 수 없으며, 이러한 곳에서는 태양이 모든 사물을 태우듯이 바위와 돌까지 부스러뜨려 고운 밀가루로 만들고 있다.

룩소르에서 홍해의 후르가다까지는 꽤 먼 거리를 이동해야 한다. 내륙의 사막과 해안의 사막으로 경관이 바뀌는데, 어쨌든 바닷물이 옆에 있어도 절대 불모지의 사막을 이루고 있다. 지형적으로 보면 내륙의 평원에서 해안의 구릉지대 또는 산들의 경관이 바다 쪽으로 전개되고 있다.

**사하라 사막**

아프리카의 몸통은
절대불모지 사하라 사막이다.

나일 강은
거대한 사하라의 오아시스.

작열하는 태양은 불모의 사막을 만들고
넘실거리는 물은 푸른 초장을 만든다.

땅으로 타들어가는 열기는
모든 것을 콩가루로 부수어버린다.

물은 콩가루의 땅 쪼가리로
오묘한 생명을 빚어낸다.

물과 불,
물 만은 어둠의 바다
불 만은 연옥의 화덕

내가 있으면 네가 없어지고
네가 살면 나는 죽는다.

공존할 수 없는 상극
이들의 만남은
칼날 같은 경계선을 만들고

인간은 이 칼날 위에서
춤을 추며 살고 있다.

인간의 열기는 사랑이 되고
사랑은 사람을 만든다.

아,
뜨거운 사하라 사막이여!

에필로그

# 팬데믹과 기후 변화를 대비하는 마음

　　　　　　　　　　　　우주 공간에서 지구는 왜소한 항성에 불과하지만, 인간에게는 무한 광대한 자연이다. 지구의 운행 질서가 수천 년을 두고 어느 정도 밝혀졌다고는 하지만, 아직 모르는 것이 많다. 팬데믹, 기후 변화 등이 인류를 옭아매고 있는 이 시대에 지구의 자연 생태를 알고 공부하는 것은 중요하다. 이것은 인간의 미래와 직결되어 있으며 앞으로 인간이 살아가야할 방향을 제시할 수 있기 때문이다.

　팬데믹은 자연 생태계로 보자면 지구상의 지극히 작은 사건에 불과하다. 이러한 사건은 인류 역사상 끊임없이 있었고 앞으로도 일어날 수 있는 일이다. 사람뿐만 아니라 살아 있는 모든 생물에게는 전염병이 있고 또 그에 대한 면역력이 있다. 인위적인 힘이나 노력으로 자연의 흐름을 막기는 어렵다. 이는 마치 넘쳐흐르는 강물을 삽으로 막는 것과도 같다.

오늘날 인류가 누리고 있는 지구 환경은 인간에게 낙원이다. 과학 기술은 극상에 도달하였고 인지의 발달도 극에 달했다. 머리로 생각할 수 있는 것을 거의 다 실현할 수 있다는 착각을 하고 사는 시대이기도 하다. 가히 과학 기술 만능의 시대라고 할 수 있다.

그러나 과학이 생태계까지 좌지우지할 수 있는 것은 아니다. 지구의 온도를 조절하고 강우량을 적절하게 조절하여 쾌적한 생활 환경을 만들거나 지진과 화산을 적당히 조종할 수 있는 능력은 인간의 능력을 벗어나는 일이며 자연의 이법을 거스르는 일이다. 이것은 마치 온도 조절기로 지구의 온도를 조절하려는 것과 같은 것이다.

오랜 세월 지구상 다양한 생태계와 지사운동의 현장을 찾아서 이곳저곳을 답사하며 조사한 바 있다. 그러나 2020년부터는 코로나의 창궐로 자가격리가 불가피하였다. 티끌 모으듯 하던 자료 수집이 중단된 것이다. 마치 하늘을 분주하게 날던 새가 날개를 접은 것이나 다름없었다.

그러나 그동안 연구 생활을 반추해 보았다. 시골 생활이라 도심의 생활과는 환경이 달라 그런대로 자연을 느낄 수 있었다. 텃밭에서 지내기도 하고 가끔 바다로, 산으로 가기도 했다. 바닷바람을 접하면 시원했고, 그 속에서 뛰어노는 생물들은 활력이 넘쳤다.

지구 환경이 변하고 있는 현실에서 다양하고 독특한 생태계를 접하는 것은 팬데믹을 대비하는 일이기도 하며, 이 땅에서 살아남을 수 있는 지혜를 얻는 길이기도 하다. 자연환경으로서 바다가 품고 있는 해양 생태계와 지진, 온천 같은 지사운동을 고찰하는 것도 지구 생태계 연구의 한 부분이다.

자연과 인간 사이에는 끊임없이 주고받는 상호작용이 있다. 사람은 자연에서 나고 자연으로 돌아간다. 그런데 자연의 세력이 압도적으로 크면 인간은 왜소해지고 인간이 자연을 과도하게 개발하여 파괴하면 자연은 인간에게 시련과 고난을 준다.

사람이 자연 속에서 건강하게 살아가려면 자연은 자연대로 유지되도록 해야 하고 사람은 사람대로 과도하게 환경을 파괴해서는 안 된다. 이러한 균형이 바로 자연과 인간이 공존하는 자연평형인 것이다.

## 참고 문헌

Anonymous, 1976. Guide Ecologique de La France, Sélection du Reader's Digest, 1-544.

Anonymous, 2004. Southern African Travel Guide. 35th Edition, Promo (Pty) Limited, 1-304.

Beeck, C., Schneider, G., 2018. Potsdam Highlights: The Practical Guide for Discovering the City. Jaron Verlag GmbH. 1-112.

Carruthers. V. C. ed., 2000. The Wildlife of Southern Africa. Struik Publishers, 1-310.

Hiltermann, H., 2019. Schwarzwald. DuMont Reiseverlag. 1-296.

Jacobs, W. and Smith R. 1999. A Portrait of New Zealand. New Holland Publishers Ltd, 1-192.

Jónasson, P. M. ed., 1992. Ecology of Oligotrophic, Subarctic Thingvallavatn. OIKOS. 1-437.

Kahn, M. E.( 메슈 E 칸), 2021. Adapting to Climate Change (김홍국 번역: 우리는 기후 변화에도 적응할 것이다). 에코리브르, 1-456.

Kershaw, L., MacKinnon A., and Pojar J., 2016. Plants of the Rocky Mountains. Partners Publishing. 1-384.

KIM K.-T., 1982. Un aspect de l'écologie de l'étang de Berre (Méditerranée nord- occidentale): les facteurs climatologiques et leur influence sur le régime hydrologique. Bull. Musée Hist. nat. Marseille., 42 : 51-68.

KIM K.-T. et TRAVERS M., 1990. Un modéle intéressant: les étangs saumâtres de Berre et Vaine (Méditerranée nord-occidentale). L'hydrologie, le phytoplacton et la production. Marine Nature, 3(1) : 61-73.

Lik, P. and Reid, R., 1999. Australia : Images of A Timeless Land. Wilderness Press. 1-188.

Mazard, B., 2006. Lybia. Darf Publishers Ltd, 1-155.

Meredith, P. and Fuchs D., 1999. The Australian Geographic Book of Blue Mountains. Australian Geographic Pty Ltd, 1-157.

Muir, J., 1991. The Mountains of California. Ten Speed Press. 1-389.

Pitcher, E., 2017. Wild Guide Portugal. Wild Things Publishing. 1-256.

Potton, C., Wheeler A., 1998. New Zealand : The National Parks. Everbest Printing Ltd, 1-135.

Pratt, V. E., 2003. 12th ed. Field Guide to Alaskan Wildflowers. Alaskakrafts, Inc. 1-135.

Swanny, D., 1999. The Artic. Lonely Planet Publication Pty Ltd, 1-456.

Thunberg, G., 2022. The Climate Book Created by Greta Thunberg, Kawase shobo shinsha(河出書房新社), 1-446.

Watanabe, M., 2018. An Illustrated Guide to Global Warming. Koudansya(講談社), 1-185.

KE1 한국 환경 연구원(신동원, 채여라, 이창훈 外 9名), 2017. 대한민국 탄소중립 2050. 크레파스북, 1-392.


김기태, 1984. 적조현상(Red Tide). 자연보호 7(1): 18-19.

김기태, 1987. 흑조현상(Black Tide). 자연보호 10(3): 14-16.

김기태, 1988. 녹조현상(Green Tide). 자연보호 11(4): 30-32.

김기태, 1990. 남미, 우루과이강의 자연과 초어잡이. 현대해양 246: 61-64.

김기태, 1990. 해양 자원의 보고, 아르헨티나의 바다, 자연, 풍토. 어항 13: 94-100.

김기태, 1991. 남미, 파라나강의 자연과 자원. 현대해양 249: 78-81.

김기태, 1991. 남미, 파라나강의 삼각주와 생물자원. 현대해양 251: 118-122.

김기태, 1993. 내수 및 하구 생태학. 영남대 출판부, 1-258.

김기태, 1993. 프랑스 지중해안의 다양한 생태계연구. 자연보존, 83 : 27-32.

김기태, 1993. 남미, 라 쁠라따(La Plata)강의 자연과 하구 생산성. 새어민 302: 121-123.

김기태, 1993. 아프리카, 세네갈강의 하류 자연. 자연보호 16(4): 20-22.

김기태, 1993. 대만의 하천과 하구 자연. 새어민 303: 82-84.

김기태, 1994. 지중해안의 에땅 드 베르 호의 연구(I). 영남대 출판부, 1-251.

김기태, 1995. 체사피크만(Chesapeake Bay)의 자연과 수질. 자연보존, 91 : 1-6.

김기태, 1995. 북극권의 자연과 생물. 현대해양 303: 44-48.

김기태, 1995. 남극권의 자연과 생물자원. 현대해양 304: 85-90.

김기태, 1995. 미 동부, 체사피크만(Chesapeake Bay)의 자연과 수질. 자연보존 91: 1-6.

김기태, 1995.. 프랑스, 대서양 해안의 자연과 생물. 현대해양 308: 124-129.

김기태, 1997. 체사피크만(Chesapeake Bay)으로 유입되는 James강, York강, Rappahanouck강의 자연과 수질. 수산계 62: 84-92.

김기태, 2002. 지중해안의 에땅 드 베르 호의 연구(II). 영남대 출판부, 1-350.

## 찾아보기

**ㄱ**

간헐천  186, 187, 250, 254, 255, 256, 257
검은숲(Schwarzwald)  66, 277, 278, 305, 309
게이샤  110
고비사막  49, 85
광시(廣西)  88, 95
광합성  39, 59, 61, 62, 63, 64, 65, 66, 74, 103, 178, 229, 334
괴테  279, 281, 282, 292, 294
구이린(桂林)  88, 89, 90, 91, 92, 95, 104
굴포스 폭포  253, 254
그랜드 티턴(Grand Teton National Park) 국립 공원  193
그랜드캐니언  165
그리니치 천문대  272
그리스  153, 155, 318, 319, 320, 321, 322
그리스 반도  244
기수 생태계  43, 44, 45, 136, 139, 209
기수역  136, 267
기후 변화  53, 60, 61, 62, 64, 67, 68, 70, 75, 131, 225, 231, 242

**ㄴ**

나일 강  22, 41, 43, 332, 333, 334, 335, 338, 339, 340,
난류  55, 237,
남극  51, 67, 68, 69, 159, 167, 224
남극 환류  237
네이멍구(內蒙古) 자치구  97, 102, 105
녹색식물  29, 59, 60, 61,63, 64, 65

**ㄷ**

다딴라 폭포  130
다자이후 텐만구(太宰府天満宮)  106, 107
달랏(Da Lat)  126, 127, 128, 131, 132
담수  38, 40, 41, 43, 44, 45, 46, 53, 67, 97, 136, 209, 267, 333,
담수호  41, 113
대마도  118, 119
대영 박물관(Museum of the Great Britain)  271, 272
도나우 강  304, 305, 306, 307
도야(洞爺) 호  113
독일  66, 153, 277, 278, 279, 281, 288, 289, 292, 293, 294, 295, 296, 297, 302, 304, 305, 311
둔황  83, 85, 88, 97
드레스덴(Dresden)  291, 292

**ㄹ**

라인 강(Rhein River)  277, 278, 279, 280, 282, 283, 284, 285, 293
랑비앙 산  128, 129
러시아  134, 158, 159, 160, 161, 168, 178, 249, 272, 287, 296, 298, 305, 313, 321
런던 아이(London Eye)  267, 268
레이크 루이스 마을(Lake Louise Village)  175
로렐라이  282, 284
로키 산맥  48, 165, 166, 167, 169, 170, 172, 174, 175, 176, 177, 178, 179, 180, 181, 182, 183, 194, 231

롱칭샤(龍慶峽)  101, 102, 104
루이스 호수(Lake Louise)  172, 174
룩소르(Luxor)  338, 339
리(漓) 강  89, 90, 94
린푸억 사원  132

ㅁ

마르마라 해  149, 161
마운트 레블스토크 국립공원(Mount Revelstoke National Park)  167
막고굴(莫高窟)  85, 86, 87, 88, 97
말레이시아  135, 136, 144, 222
맥킨리 산맥  48, 51, 165, 167
맹그로브(mangrove)  136, 139, 141
멕시코  201, 202, 203, 204, 206
멕시코 만류  53, 55, 276, 250, 262, 263, 265, 267, 290, 299
모스크바  158, 159
모하비 사막  49
물 덩어리(水塊)  20, 43
물꽃(water bloom)  43, 46, 102
미세 조류  43

ㅂ

바스(Bath)  275
바오다이 별장  131
바이칼 호  41, 159, 160
발 드 루아르(Val de Loire)  313
발리 섬  144, 145, 147, 187
밴프 국립공원(Bannff National Park)  167, 172, 174
베를린  287, 289
베트남  90

병령사(炳靈寺)  97
보르네오 섬  135
보스포루스 해협  149
부영양화 현상(eutrophication)  90
북극  51, 53, 54, 55, 66, 67, 160, 167, 243, 250
북극해  243, 330
브라질  209, 210, 212, 213, 214, 215, 216, 217, 218, 219, 220, 222, 225, 226, 227, 228, 229
브리티시컬럼비아 주  166, 172, 175
빅벤 광장(Big Ben)  270
빅토리아 호  41, 332
빌레펠트(Bielefeld)  285, 287
빙하  51, 53, 55, 67, 68, 111, 160, 161, 166, 167, 168, 169, 170, 172, 173, 174, 175, 176, 178, 243, 248, 251
빙하 국립공원(Glacier National Park)  167, 175, 176

ㅅ

사하라 사막  19, 20, 22, 41, 49, 327, 328, 329, 332, 336, 340
삼문협(三門峽) 댐  97
생명 현상  22, 31, 32, 33, 332
생태학  37, 38, 39, 140, 176, 278, 331
생활 주기(life cycle)  43
센 강(La Seine)  312, 313
셰익스피어  273
소수 민족  92, 95, 96, 103
솔트레이크  194, 197
쇼와신(昭和新) 산  111, 114
스기와라노 미치자네  107

찾아보기  349

스칸디나비아　243, 246, 248, 249
스코틀랜드　261, 262, 265
스톤헨지(Stonehenze)　275
슬로바키아　296, 300
시공간　20, 22, 26, 27, 28, 188
시마네(島根) 현　115, 117,
식물 플랑크톤　45, 47, 90
식생　89, 91, 101, 120, 136, 137, 145, 176, 178, 189, 244, 252, 256, 318
신사　106, 107, 108
신장 위구르 자치구　79, 80, 81, 85
싱벨리어 국립공원　251, 252, 254
싼샤 댐　41, 226

ㅇ
아다치(足立) 정원 미술관　116
아르헨티나　167, 210, 220, 221, 222, 223, 226, 227, 228, 230
아마존 강　40, 41, 59, 65, 140, 209, 231, 235
아부심벨(Abu Simbel)　334
아스완(Aswan) 댐　334, 336
아우슈비츠　290, 296, 300, 301, 302
아열대　54, 70, 89, 103, 121, 122, 126, 178, 220, 222, 225, 228
아이스필드　168, 172
아이슬란드　30, 51, 53, 68, 113, 187, 243, 246, 250, 251, 254, 256, 257, 258
아콩카과 산　48, 224, 230
아프리카　41, 48, 49, 166, 244, 281, 327, 328, 330, 331, 340
안데스 산맥　48, 166, 223, 224, 230, 231
알프스 산맥　44, 48, 166, 243, 244, 311, 315
암스트롱(Neil Armstrong)　24

애서배스카(Athabasca) 폭포　169
앨버타(Alberta)주　168, 174
양쉬현　92
양쯔 강　41, 43, 226
열대 강우림　59, 75, 135
염도　43, 45, 55, 197
영국　243, 259, 264, 265, 266, 269, 271, 272, 275, 282, 287, 291, 292, 311, 320
옐로스톤(Yellowstone)　30, 165, 183, 184, 185, 186, 187, 189, 191, 192, 193
오아시스　41, 79, 80, 91, 83, 84, 85, 332, 336, 339, 340
우루무치　80, 82
오키나와　121, 122, 123
오파린(Alexander Ivanovich Oparin)　21
옥스퍼드(Oxford)　273,
온난화　51, 53, 55, 60, 61, 62, 67, 69, 70, 75, 161, 170, 331
온대림　66
온실가스　53, 54, 60, 61, 69, 73
요산(堯山)　91
요테이(羊蹄) 산　111, 113
요호 국립공원(Yoho National Park)　167, 175, 177
우점종　46, 72, 73, 101, 159, 180, 189, 222, 257, 277, 310, 316
위즐 커피　132, 133
윈저 성(Windsor Castle)　274
유가협(劉家峽) 댐　97
유타 주　194, 195
이과수 강　220, 221, 222, 227
이과수 폭포　209, 210, 211, 212, 220, 221, 222

이스탄불  149, 154, 155, 243
이집트  304, 328, 329, 332, 334, 335, 337, 338
이타이푸 댐  212, 213, 225, 226, 227
인도네시아  133, 144, 145, 147, 166, 187
인상유삼저(印象劉三姐)  94
일본  30, 106, 107, 108, 109, 110, 115, 116, 117, 118, 119, 130, 155, 186, 187, 214, 218, 219, 234, 288, 289, 302
잉카  202, 230, 231, 233, 234, 235

ㅈ

자연 평형  59, 71
자연지리  79, 80, 106, 124, 145, 194, 250, 264
재스퍼 국립공원(Jasper National Park)  167, 168, 169, 170, 172
적조 현상(red tide)  46, 284
전구물질(前驅物質)  21
장족(壯族)  92, 93, 95
중국  41, 49, 50, 79, 87, 88, 95, 96, 100, 103, 104, 105, 117, 125, 132, 133, 226
지중 해  44, 148, 151, 155, 161, 243, 244, 246, 311, 316, 317, 318, 327, 328, 329, 332
진화  19, 22, 32, 64, 72, 100, 188, 189

ㅊ

천산(穿山)  91
첩재(疊彩) 산  91
체코  291, 292, 293, 296, 300, 304, 305, 307, 308
침엽수  101, 178, 179, 180, 191,
침엽수림  66, 111, 159, 169, 170, 173, 178, 183, 189
침향  125, 128, 133, 134

ㅋ

카파도키아  150
컬럼비아 빙원(Columbia Icefield)  169
케말 아타튀르크  153, 154
케임브리지(Cambridge University)  273
코블렌츠  282, 283
코아세르베이션(coacervation)  21
코타키나발루  135, 141, 142, 143
콤 옴보(Kom Ombo) 시  336, 337
쿠트니 국립공원(Kootenay National Park)  167, 175, 177
클리아스 강  136, 139, 141
키나발루 산  136, 137

ㅌ

타워 브릿지(Tower Bridge)  268
타이가 기후  111
타클라마칸 사막  79, 81, 85
탄산가스  59, 60, 61, 63, 64, 65, 66, 68, 69, 71, 73, 74, 75
탄소중립  59, 60, 61, 64, 66, 68, 71, 75, 331
템스 강  266, 268, 272
톤레사프 호  41
툰드라 기후  111, 176, 178
튀르키예  148, 153, 154, 155, 157, 161, 187, 320
티베트족  96

ㅍ

파라과이  212, 213, 225, 226, 227, 228, 229

파라나 강  209, 212, 213, 220, 225, 227, 235
파묵칼레  151, 187
팬데믹  331
페루  202, 230, 231, 234, 236, 237, 239
페루 해류  237
페이토 호수(Peyto Lake)  172, 173
포츠담  287, 288, 289
폴란드  117, 290, 291, 292, 296, 297, 298, 299, 300, 304, 308, 309
프랑스  44, 88, 125, 127, 132, 168, 194, 204, 205, 211, 212, 244, 263, 264, 267, 268, 279, 283, 287, 294
프랑크푸르트  279, 280, 281, 282, 283
피레네 산맥  316, 317

히말라야 산맥  48, 51, 166

## ㅎ

하이델베르크  293, 294, 295
한대  38, 44, 54, 70, 102, 103, 113, 158, 160, 168, 179, 183, 189, 191, 244, 247, 299, 300, 327
한류  55, 237, 247
해수  43, 44, 51, 197, 267
허베이(河北)  101
홀로코스트  289, 291
홋카이도  111, 112, 113
화산  30, 53, 70, 71, 111, 113, 114, 147, 150, 184, 185, 186, 187, 191, 206, 207, 208, 214, 223, 250, 251, 252, 253, 256, 257, 258
활화산  111, 113, 145, 147, 189, 225
황허(黃河) 강  41, 96, 97, 98, 100
흑해  149, 150, 153, 155, 161, 244, 279, 305